ANÁLISES QUÍMICAS POR SISTEMAS DE INJEÇÃO EM FLUXO

UNIVERSIDADE ESTADUAL DO SUDOESTE DA BAHIA

Reitor
Prof. Dr. Paulo Roberto Pinto Santos

Vice-Reitor
Prof. Dr. Fábio Félix Ferreira

Pró-Reitora de Extensão e Assuntos Comunitários
Profª Me. Maria Madalena Souza dos Anjos Neta

Diretora da Edições UESB
Manuella Lopes Cajaíba

Editor
Jacinto Braz David Filho

COMITÊ EDITORIAL

Profª Drª Almiralva Ferraz Gomes (DCSA/VC)
Prof. Dr. Antonio Jorge Del Rei Moura (DTRA/Itapetinga)
Prof. Dr. Cláudio Lúcio Fernandes Amaral (DCB/Jequié)
Adm. Jacinto Braz David Filho (Edições UESB/VC)
Prof. Dr. Jorge Augusto Alves da Silva (DELL/VC)
Prof. Me. Jorge Luiz Santos Fernandes (DCSA/VC)
Prof. Me. Josenildo de Sousa Alves (DS 1/Jequié)
Prof. Dr. José Rubens Mascarenhas de Almeida (DH/VC)
Manuella Lopes Cajaíba (Edições UESB/VC)
Prof. Dr. Marcos Antonio Pinto Ribeiro (DQE/Jequié)
Profª Me. Maria Madalena Souza dos Anjos Neta (PROEX/VC)

PRODUÇÃO EDITORIAL

Capa e Editoração Eletrônica
Ana Cristina Novais Menezes
(DRT-BA 1613)

Ilustração da Capa
Adaptação de imagens obtidas no site: http://www.gettyimages.com.br/

Revisão de linguagem
Laysla Portela da Fé
Raeltom Santos Munizo
Robson Ferraz Varges

Impressão e acabamento: Empresa Gráfica da Bahia
Rua Mello Moraes Filho, nº 189, Fazenda Grande do Retiro – Salvador - Bahia. CEP: 40352-000
Telefones: (71) 3116-2837/2838/2820 – Fax: (71) 3116-2902 – E-mail: encomendas@egba.ba.gov.br
Tipologia: Garamond 11/15/papel Offset Imune 90g/m²

Valfredo Azevedo Lemos
Marcos de Almeida Bezerra

ANÁLISES QUÍMICAS POR SISTEMAS DE INJEÇÃO EM FLUXO

Vitória da Conquista
2017

Copyright © 2017 by Autores.
Todos os direitos desta edição são reservados a Edições UESB.
A reprodução não autorizada desta publicação, no todo ou em parte,
constitui violação de direitos autorais (Lei 9.610/98).

L579a   Lemos, Valfredo Azevedo.
           Analises químicos por sistemas de injeção em fluxo / Valfredo Azevedo Lemos, Marcos de Almeida Bezerra. - - Vitória da Conquista: Edições UESB, 2017.

           216p.

           ISBN 978-85-7985-114-8

           1. Analise Química. 2. Analise em fluxo - Injeção. 3. Separação de amostra. I. Lemos, Valfredo Azevedo. II. Bezerra, Marcos de Almeida. III. Universidade Estadual do Sudoeste da Bahia. III. T.

CDD: 543.2

Catalogação na fonte: Biblioteca Universitária Professor Antonio de Moura Pereira
UESB – Campus de Vitória da Conquista-BA

1.ª reimpressão: dezembro de 2018.

EDIÇÕES UESB

Campus Universitário – Caixa Postal 95 – Fone/fax: 77 3424-8716
Estrada do Bem-Querer, s/n – Módulo da Biblioteca, 1° andar
45031-900 – Vitória da Conquista – Bahia
www2.uesb.br/editora – edicoesuesb@uesb.edu.br

SUMÁRIO

Apresentação 11

Capítulo 1 – Sistemas para análise por injeção em fluxo............13

1.1 Introdução..13
1.2 Características da análise por injeção em fluxo....................17
1.3 Exemplos ilustrativos de sistemas para análise por
    injeção em fluxo...19
    1.3.1 Exemplo 1: Determinação de cloreto por
    espectrofotometria..19
    1.3.2. Exemplo 2: Medidas de pH em linha........................21
    1.3.3. Exemplo 3: Determinação de metais por FAAS..........22
1.4. Configurações de sistemas de análise por injeção em fluxo....23
1.5. FIA normal e reversa..24
1.6. FIA com múltiplas injeções...25

Capítulo 2 – Componentes de um sistema para análise em fluxo......27

2.1. Introdução..27
2.2. Dispositivo de propulsão...27
2.3. Dispositivo de comutação de fluxo ou de inserção de amostras......31
    2.3.1. Válvulas rotatórias...32
    2.3.2. Válvulas com alças para desvio de fluxo (bypass)..........32
    2.3.4. Comutadores/Injetores proporcionais......................33
2.4. Elementos para transporte, conexão, mistura e reação............34

2.4.1. Tubos condutores..35
2.4.2. Conectores...35
2.4.3. Reatores..36
2.5. Detectores...36
    2.5.1. Detectores espectrométricos...37
        2.5.1.1. Espectrofotômetros..37
        2.5.1.2. Espectrômetros de Absorção Atômica............................41
        2.5.1.3. Espectrômetros com plasma indutivamente acoplado (ICP)........44
    2.5.2. Detectores eletroquímicos...45
    2.5.3. Detectores de quimioluminescência e bioluminescência..........46
    2.5.4. Detectores fluorimétricos..47

Capítulo 3 – Dispersão em sistemas de fluxo ontínuo...........49

3.1. Introdução..49
3.2. Coeficiente de dispersão...53
3.3. Fatores que afetam a altura de pico...55
    3.3.1. Volume injetado da amostra..55
    3.3.2. Comprimento do tubo..56
    3.3.3. Diâmetro do tubo...57
    3.3.4. Velocidade do Fluxo...59
    3.3.5. Geometria do tubo...59

**Capítulo 4 – Automação de sistemas de análise
por injeção em fluxo...61**

4.1 Introdução...61
4.2 Automação de etapas da análise química em fluxo..................62
4.3 Amostradores automáticos..64
4.4 Válvulas solenóides...65
4.5 Sistemas de propulsão..67
    4.5.1 Bombas peristálticas programáveis......................................67
    4.5.2 Microbombas solenóides..68
    4.5.3 Microbombas pizoelétricas..69
4.6 Controle do detector...69
4.7 Sistemas para aquisição, armazenamento e tratamento de dados.....70

4.8 Multicomutação em sistemas de análise em fluxo..................70
4.9 Multi-impulsão em sistemas de análise em fluxo..................74

Capítulo 5 – Pré-tratamento de amostras em linha....................77

5.1 Introdução..77
5.2 Características dos métodos para separação e
pré-concentração em linha..78
5.3 Desempenho de um sistema de pré-concentração em linha............79
   5.3.1 Fator de enriquecimento (FE)..79
   5.3.2 Fator de aumento (N)...80
   5.3.3 Eficiência de concentração (EC)..81
   5.3.4 Índice de consumo (IC)...82
   5.3.5 Fator de transferência de fase (P)...82
   5.3.6 Eficiência de sensibilidade..84
5.4 Métodos de introdução de amostra em sistemas de
pré-concentração em linha..84
5.5 Outros sistemas de pré-tratamento de amostras em linha.............86

**Capítulo 6 – Separação e pré-concentração em linha....................91
por extração líquido-líquido**

6.1 Introdução..91
6.2 Constituintes de um sistema para ELL em linha...........................93
   6.2.1 Segmentadores de fase..94
   6.2.2 Bobina de extração..95
   6.2.3 Separadores de fase...95
6.3 Dispersão em sistemas para ELL em linha....................................98
6.4 Sistemas para extrações múltiplas..99
   6.4.1 Sistemas com alças cruzadas para extrações múltiplas........100
6.5 Sistemas para retro-extrações...101
6.6 Sistemas sem separação de fases..102
6.7 Sistemas sem segmentação e separação de fases.........................103
6.8 Acoplamento de sistemas para ELL em linha às técnicas analíticas......103
   6.8.1 Espectrofotometria..103
   6.8.2 Espectrometria de absorção atômica com chama................104

6.8.3 Espectrometria de absorção atômica com forno de grafite.....104
6.8.4 Espectrometrias usando fontes de plasma................105
6.8.5 Técnicas cromatográficas.................................105

Capítulo 7 – Separação e pré-concentração em linha usando extração no ponto nuvem..............107

7.1 Introdução...107
7.2 Extração no ponto nuvem em linha...........................109
7.3 Aplicações analíticas da Extração no Ponto Nuvem em linha.....111

Capítulo 8 – Separação e pré-concentração em linha usando extração em fase sólida................115

8.1 Introdução...115
8.2 Um exemplo de extração em fase sólida em linha..............116
8.3 Fases sólidas usadas como recheios de colunas para sistemas em linha 117
   8.3.1 Tipos de recheios......................................118
8.4 Dispersão em sistemas de pré-concentração em linha usando colunas para extração em fase sólida.....................122
   8.4.1 Dispersão durante o carregamento da amostra............122
   8.4.2 Dispersão durante a adsorção e eluição do analito na coluna.....123
   8.4.3 Dispersão no transporte do eluato e nas reações pós-colunas....124
8.5 Considerações práticas para extração em fase sólida em linha....125
   8.5.1 Construção de colunas..................................125
   8.5.2 Vazões de carregamento da coluna.......................127
   8.5.3 Lavagem da coluna e equilíbrio..........................129
   8.5.4 Eluição..131
   8.5.4.1 Requerimentos do eluente..............................131
   8.5.4.2 Vazão de eluição......................................133
8.6. Configurações de sistemas em linha usando extração em fase sólida..134
   8.6.1. Separação de interferentes em linha....................134
   8.6.2. Sistemas de extração em fase sólida em linha acoplados às técnicas analíticas...........................136

8.6.2.1. Técnicas de espectrometria molecular.................136
8.6.2.2. Técnicas de espectrometria atômica..................139
8.6.2.3. Técnicas eletroquímicas.........................143
8.6.2.4. Técnicas cromatográficas.......................143

Capítulo 9 – Separação e pré-concentração em linha por precipitação.................147

9.1. Introdução.................147
9.2. Componentes de um sistema que realiza precipitação em linha.........149
9.2.1. Filtros de aço inoxidável.........................151
9.2.2. Filtros de membrana descartável...................151
9.2.3. Filtros de leito empacotado......................152
9.2.4. Reatores enovelados............................152
9.3. Algumas considerações práticas sobre a precipitação/dissolução em linha.........153
9.4. Sistemas em fluxo não triviais que se baseiam na formação de precipitado em linha.........156
9.4.1. Sistemas com filtração em linha sem a dissolução do recipitado.........156
9.4.2. Sistemas sem filtros com a dissolução do precipitado...........157
9.4.3. Sistema sem filtros e sem dissolução do precipitado.............158

Capítulo 10 – Geração de vapor em linha para determinação espectrométrica.................159

10.1. Introdução.................159
10.2. Separadores gás-líquido para sistemas com base em geração de vapores atômicos.........162
10.3. Sistemas em linha para geração de hidretos.............162
10.4. Sistemas em linha para geração de vapor frio...........166

Capítulo 11 – Análises de especiação em linha.................167

11.1. Introdução.................167
11.2. Considerações gerais sobre a realização de análise de especiação usando FIA.........168

11.3. Especiação de metais com diferentes estados de oxidação..........171
11.4. Especiação de compostos organometálicos...................................173

Capítulo 12 – Métodos analíticos verdes com base em sistemas de injeção em fluxo..175

12.1. Introdução..175
12.2. Estratégias para desenvolvimento de sistemas verdes de análise em fluxo...177
12.3. Substituição de reagentes tóxicos...178
12.4. Reciclagem e reutilização de reagentes......................................179
12.5. Tratamento em linha do resíduo descartado..............................181
12.6. Configurações de sistemas em fluxo que evitam o desperdício de reagentes...183
12.7. Uso de detectores verdes..184
12.8. Automação...186
12.9. Miniaturização...187
12.10. Uso de reagentes imobilizados em fases sólidas......................188

Referências..189

APRESENTAÇÃO

A realização de análises químicas rápidas, confiáveis e em grandes quantidades tornou-se uma grande necessidade em áreas como a industrial, a médica, a ambiental, a ciência de alimentos, entre outras. Sistemas de análise por injeção em fluxo podem atender estas demandas, pois além apresentarem bom desempenho e serem capazes de realizar praticamente todas as operações envolvidas em análises químicas (como a amostragem, misturas de reagentes, digestão da amostra, diluições, separações e pré-concentrações, etc.) são, em geral, de baixo custo e fáceis de serem parcial ou totalmente automatizados.

Este livro objetiva realizar uma introdução didática sobre os princípios da análise por injeção em fluxo e ilustrar suas diversas aplicações como alternativa aos tradicionais métodos analíticos realizados por batelada.

Como sabemos haver poucas referências em língua portuguesa sobre este tema e que a maior parte do material está disperso em vários artigos e apostilas, sentimos a necessidade de escrever este texto de forma a contribuir com a divulgação do conhecimento nesta área.

Sabemos que, apesar de todo cuidado na elaboração e revisão deste livro, alguns erros podem não ter sido detectados. Sendo assim, contamos a colaboração dos leitores no aprimoramento desta obra. Pedimos que nos enviem sugestões e críticas, para tornarmos este material cada vez mais claro e didático.

Os autores.

CAPÍTULO 1

SISTEMAS PARA ANÁLISE POR INJEÇÃO EM FLUXO

1.1 INTRODUÇÃO

A demanda pela realização de análises químicas e bioquímicas está aumentando constantemente no mundo atual. Este fato surge em decorrência da importância que a química analítica vem assumindo como uma ciência, que pode fornecer ferramentas confiáveis e capazes de realizar a investigação dos níveis de concentração de várias substâncias em matrizes de grande interesse para as sociedades modernas. Como exemplos destas matrizes podem ser citadas amostras clínicas, farmacêuticas, industriais, agrícolas, ambientais, alimentares, biológicas, entre outras.

O aumento na demanda obriga os analistas a manusear um número elevado de amostras e, consequentemente, realizar uma grande quantidade de operações, tais como, pipetagens, misturas de reagentes, filtrações, aquecimentos, diluições, medidas em equipamentos, etc. Uma análise química em que as operações que permitem a detecção do analito em uma dada amostra são realizadas em etapas claramente separadas e interrompidas, pode ser configurada como uma análise por batelada. De forma geral, em ensaios realizados por batelada, a solução analisada permanece dentro de um recipiente. Esta solução pode ser submetida a processos de secagem, aquecimento, ataque por ácidos, filtração, precipitação, etc., até o processo de detecção.

Todas as operações que compõem este tipo de análise podem ser mecanizadas ou automatizadas. A automação em Química Analítica foi desenvolvida como uma forma de facilitar as operações necessárias para a determinação de analitos e aumentar sua rapidez e confiança. Os principais objetivos da automação analítica são: (1) processar um grande número de amostras e, portanto, aumentar a velocidade analítica; (2) reduzir a participação humana nas etapas que compõem a análise, o que diminui as possibilidades de erro; (3) diminuir o consumo de amostras, padrões e reagentes; (4) facilitar a aplicação de um método analítico e (5) possibilitar o controle de processos (industriais, biológicos, etc.) *in situ*.

Um analisador automático para a determinação de espécies químicas ou alguma outra propriedade da solução deve, ao menos, possuir um instrumento que possa operar com algum grau de automação. Um exemplo de analisador automático que mimetiza as operações realizadas em batelada é apresentado na Figura 1.1. Ele baseia-se no conceito de correia transportadora. Neste sistema, o recipiente que contém a amostra é deslocado por meio de estações individuais onde várias operações unitárias são efetuadas (ex: adição da amostra, adição de reagentes, mistura, aquecimento, espera para a reação ser completada e detecção)(KELLNER et al., 1998).

Figura 1.1 – (a) uma análise química tradicional por batelada e (b) um analisador automático para análise de amostras discretas no qual as amostras são transportadas por correias através de diversas estações operacionais.

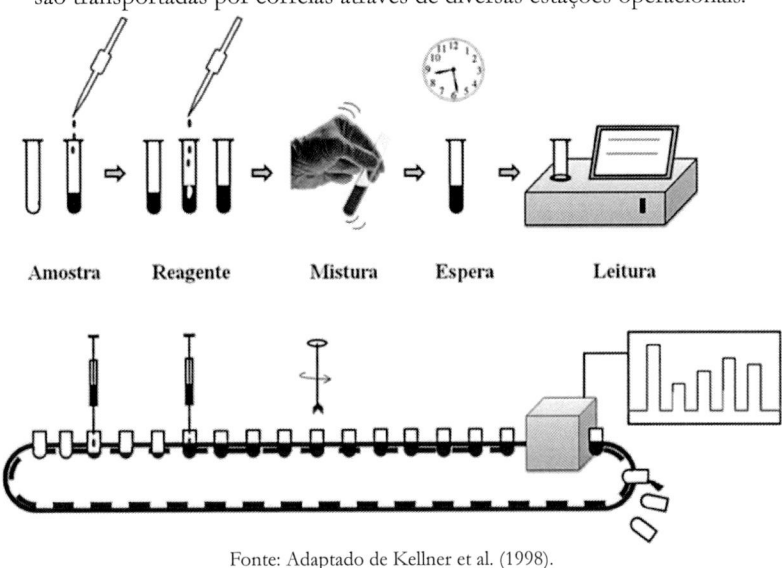

Fonte: Adaptado de Kellner et al. (1998).

No entanto, os analisadores de correia requerem um recipiente para o transporte da amostra apresentando também as desvantagens dos sistemas em batelada. Atualmente, os tipos de analisadores mais usados, do ponto de vista analítico, são os de fluxo (ou analisadores em linha). Nestes analisadores a amostra deve ser deslocada por intermédio de tubos ou mangueiras pelos elementos do sistema que efetuem as operações experimentais.

A Figura 1.2 apresenta um dos primeiros sistemas analíticos de fluxo, desenvolvido no final da década de 50. A abordagem conceitual deste sistema é a introdução das amostras líquidas separadas por bolhas de ar para assegurar a identidade das amostras individuais. Desta forma, a mistura e homogeneização de amostras e reagentes são realizadas dentro destes pacotes de soluções em um intervalo de tempo (geralmente longo) necessário para que o equilíbrio químico da reação seja atingido, resultando nas condições de estado estacionário. Posteriormente, as bolhas de ar são removidas por um dispositivo localizado antes do detector. Embora este sistema seja engenhoso, ele requer que as condições de estado estacionário sejam atingidas, porque com a intercalação das amostras com as bolhas de ar, o tempo para controle das quantidades de soluções no sistema não pode ser estabelecido de forma confiável (KELLNER et al., 1998; KARLBERG; PACEY, 1989).

Figura 1.2 – Um analisador de fluxo contínuo segmentado por bolhas de ar. Destaca-se um dos fluxos segmentados em pacotes de soluções separadas por bolhas de ar mostrando os padrões de movimentos que promovem a mistura entre amostras e reagentes. S, amostra; R, reagente; P, bomba de propulsão; B, bobina de mistura; D, detector e W, descarte.

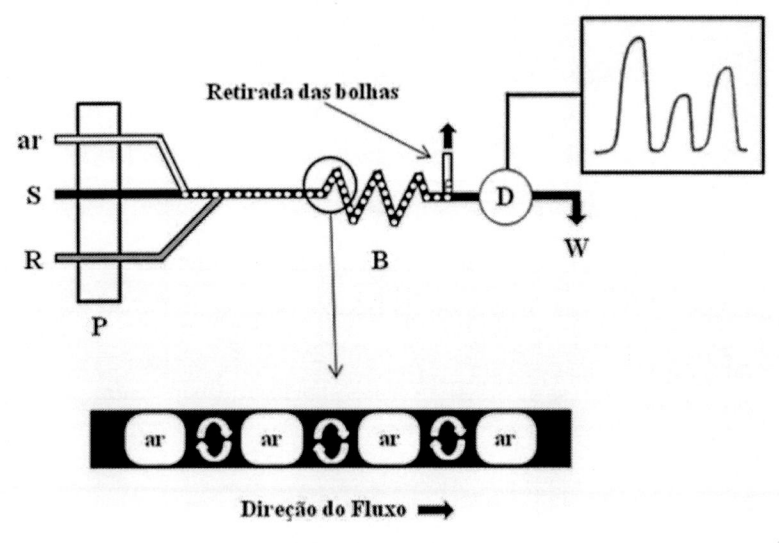

Fonte: Adaptado de Kellner et al. (1998).

A abordagem sobre a realização de uma análise química em fluxo foi inovada em meados dos anos 70 por Ruzicka e colaboradores a partir do desenvolvimento dos sistemas de análise química com base na Análise por Injeção em Fluxo (FIA, do inglês *Flow Injection Analysis*) (RUZICKA; HANSEN, 1988). FIA baseia-se em sistemas caracterizados pela introdução de volumes definidos de amostras em um carreador que se move continuamente até um detector.

Antes do conceito FIA, era necessário esperar o sistema atingir o equilíbrio dentro dos pacotes separados por bolhas de ar. Com a introdução deste conceito, entende-se que não é essencial que o equilíbrio seja completado, mas a reação que permite a detecção do analito deve ser reprodutível para os padrões e amostras, de forma a permitir o estabelecimento de uma relação confiável entre sinal e concentração. Uma consequência direta desta nova abordagem é a eliminação da necessidade de um fluxo segmentado. Quando comparadas com a abordagem anterior, as técnicas de fluxo contínuo apresentam muitas vantagens, como a simplificação da instrumentação e dos processos analíticos, o custo mais baixo, a versatilidade no estabelecimento de esquemas analíticos específicos e, principalmente, a rapidez das análises (RUZICKA; HANSEN, 1988; VALCARCEL; LUQUE DE CASTRO, 1989).

O trabalho pioneiro de Ruzicka foi divulgado por intermédio de publicação em um periódico especializado; a revista *Analytica Chimica Acta*, em 1975 (Figura 1.3) (RUZICKA; HANSEN, 1975). Os estudos que levaram ao nascimento desta técnica foram realizados também no Brasil, no Centro de Energia Nuclear na Agricultura (CENA) da Universidade de São Paulo em Piracicaba. Assim, logo o segundo trabalho foi publicado e no terceiro Ruzicka já tinha coautores brasileiros. Deste período em diante, a análise por injeção em fluxo se desenvolveu rapidamente e passou a ser adotada amplamente por pesquisadores de vários países da Europa e dos Estados Unidos no desenvolvimento de métodos analíticos mais versáteis e rápidos, e hoje em dia assume um papel importante entre as técnicas analíticas modernas (SANTELLI, 1999).

O presente livro trata especificamente de sistemas para realização de análises químicas em fluxo contínuo. Serão abordados os elementos básicos para a montagem desses sistemas: os princípios e aplicações da Análise por Injeção em Fluxo; o acoplamento em linha dos processos de separação e pré-concentração; os parâmetros para descrição da eficiência destas análises, além da realização de especiação química e do desenvolvimento de métodos em fluxo ambientalmente seguros.

Figura 1.3 – Cabeçalho do artigo publicado por Ruzicka e Hansen no periódico *Analytica Chimica Acta* em 1975 estabelecendo os princípios básicos da análise por injeção em fluxo (FIA).

Analytica Chimica Acta, 78 (1975) 145-157
© Elsevier Scientific Publishing Company, Amsterdam – Printed in The Netherlands

FLOW INJECTION ANALYSES

PART I. A NEW CONCEPT OF FAST CONTINUOUS FLOW ANALYSIS

J. RŮŽIČKA and E. H. HANSEN
Chemistry Department A, The Technical University of Denmark, Building 207, Lyngby (Denmark)
(Received 10th February 1975)

Fonte: Ruzicka e Hansen (1975).

1.2 CARACTERÍSTICAS DA ANÁLISE POR INJEÇÃO EM FLUXO

A Análise por Injeção em Fluxo (FIA) é uma técnica que se baseia na injeção de uma amostra líquida em um fluxo de uma solução carreadora, que é impulsionada em direção a um sistema detector. No trajeto entre a introdução da amostra e o detector, pode haver uma série de componentes ou dispositivos que operam em fluxo para promover operações como mistura de reagentes, filtração, separação, diluição, pré-concentração, entre outros, que tornam possível a detecção do analito. As soluções nestes sistemas são conduzidas dentro de tubos flexíveis que ligam os diversos componentes, e a propulsão é geralmente realizada usando-se uma bomba peristáltica. No Capítulo 2 serão apresentados os principais componentes de um sistema de análise por injeção em fluxo, descrevendo suas características e funções.

A mistura da amostra com reagentes que irá possibilitar a detecção do analito é realizada principalmente por um processo de difusão controlado. O detector em FIA deve registrar de forma intermitente o sinal (absorvância, potencial de eletrodo, ou outro parâmetro físico) e sua mudança de magnitude causada pela passagem do analito. Desta forma, o sinal analítico em FIA é caracterizado como transiente. Este sinal é decorrente do gradiente de concentração que se desenvolve pela dispersão da amostra no fluxo do líquido carreador (SANZ-MEDEL, 1999; FANG, 1995). O fenômeno da dispersão e suas consequências nos sistemas de análise por injeção em fluxo serão apresentados no Capítulo 4.

A Figura 1.4 ilustra a diferença entre o sinal contínuo e o sinal transiente, obtidos em espectrometria de absorção atômica com chama (FAAS), relacionados a uma solução de zinco. O sinal contínuo representado na Figura 1.4a foi obtido por aspiração direta e ininterrupta de uma solução padrão de zinco 0,5 ppm por 50 segundos. Os sinais transientes da figura 1.4b foram obtidos por três injeções sequenciais de 150 microlitros da solução de zinco usando um sistema de injeção em fluxo.

Figura 1.4 – Sinais analíticos em espectrometria de absorção atômica com chama para uma solução de zinco (a) sinal contínuo e (b) sinais transientes. S representa o momento em que a amostra foi injetada.

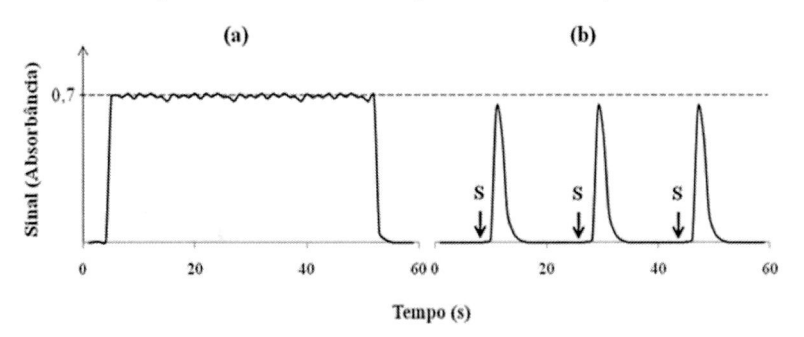

Fonte: adaptado de Burguera (1989).

Algumas características importantes tornam a Análise por Injeção em Fluxo uma técnica bastante adequada para implantação em laboratórios para análises de rotina, tais como: altas frequências de amostragem (tipicamente entre 100-300 amostras/hora); tempos de resposta bastante curtos (frequentemente menor que 1 min. entre a injeção da amostra e a resposta); uso de equipamentos mais simples e de baixo custo (BURGUERA, 1989).

1.3 EXEMPLOS ILUSTRATIVOS DE SISTEMAS PARA ANÁLISE POR INJEÇÃO EM FLUXO

Serão comentados três sistemas de análise por injeção em fluxo em linha única para ilustrar o funcionamento desta técnica e mostrar as suas potencialidades.

1.3.1 Exemplo 1: Determinação de cloreto por espectrofotometria

As características dos sistemas FIA podem ser ilustradas com um exemplo clássico, como aquele mostrado na Figura 1.5. Nesta figura, é descrita a determinação espectrofotométrica de cloreto em um sistema de linha única[1]. A determinação baseia-se na seguinte sequência de reações:

$$Hg(SCN)_{2(aq)} + 2\ Cl^-_{(aq)} \leftrightarrows HgCl_{2(aq)} + 2\ SCN^-$$
$$Fe^{3+}_{(aq)} + SCN^-_{(aq)} \leftrightarrows Fe(SCN)^{2+}_{(aq)}$$

O cloreto reage com o tiocianato de mercúrio (II), formando cloreto de mercúrio e deixando o íon tiocianato livre em solução. O teor de cloreto na amostra é proporcional à quantidade do íon SCN^- liberada. Esta quantidade é determinada espectrofotometricamente. O íon SCN^- reage com o íon Fe^{3+} formando um complexo de coloração vermelho-vinho, $Fe(SCN)^{2+}_{(aq)}$, que é medido por espectrofotometria. As amostras (30 µL), com cloreto são injetadas (S) no fluxo dos reagentes (soluções de Fe^{3+} e $Hg(SCN)_2$) por uma uma válvula. Antes de chegar ao detector, a amostra é misturada com esta solução em uma bobina de 0,5 mm de diâmetro interno formada enrolando-se 50 cm do tubo condutor. A absorvância, neste sistema, é continuamente monitorada a 480 nm, usando-se uma cubeta de fluxo. A Figura 1.5a mostra um diagrama deste sistema.

A Figura 1.5b apresenta o processo de análise de três amostras (A, B e C). Para relacionar o sinal analítico com as concentrações do cloreto foi necessário o estabelecimento de uma curva analítica. Esta

---

[1] Nota dos autores: atualmente, com o advento dos princípios da química verde, sistemas analíticos em linha que se baseiam em reações com uso de substâncias que agridam o meio-ambiente, como o Hg, estão sendo reformulados.

curva foi obtida no decorrer de sete soluções padrão de cloreto de concentrações conhecidas que estavam na faixa de 5,0 a 60,0 ppm. As amostras foram analisadas em seguida. Para avaliar a reprodutibilidade do sinal, cada solução analisada foi injetada em triplicata. O sistema permite analisar 120 amostras/hora e possui repetitividade em cerca de 1%. A Figura 1.5c mostra a curva de calibração construída com os dados da leitura dos padrões e o processo de obtenção das concentrações das três amostras por interpolação dos valores dos sinais de absorbância nesta curva, no uso da equação de calibração obtida pelo ajuste de uma função matemática linear.

Esse exemplo revela claramente a principal característica de um sistema de análise química por injeção em fluxo: todas as soluções são sequencialmente processadas exatamente da mesma forma durante a passagem pelos canais condutores sofrendo reações químicas e/ou algum processo que permita a detecção do analito. As análises químicas que utilizam esses sistemas são possíveis de serem realizadas porque todas as condições são reprodutíveis, inclusive a dispersão. Isto é, todas as amostras e padrões são sequencialmente processados exatamente da mesma forma durante sua passagem em todo o percurso do sistema (CHISTIAN, 1994).

Figura 1.5 – (a) Diagrama de fluxo para o sistema de determinação espectrofotométrica de cloreto em linha: S é o ponto de injeção da amostra, P é a bomba peristáltica, B é a bobina para mistura, D é o detector e W é o descarte; (b) gráfico absorbância *versus* tempo (fiagrama) mostrando sinais analíticos em triplicata para sete soluções padrão e três amostras (A, B e C) e (c) os sinais analíticos relacionados às concentrações das soluções através da obtenção de uma curva de calibração linear (y = ax + b) sendo as concentrações das amostras calculadas por interpolação matemática de seus sinais nesta curva.

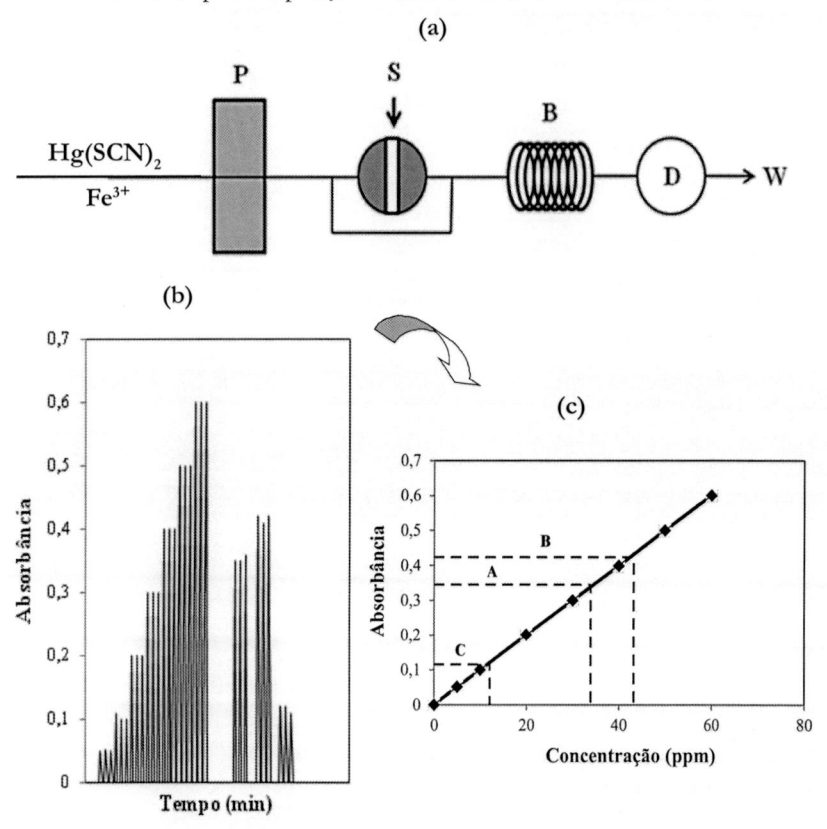

Fonte: Adaptado de Kellner et al. (1998).

1.3.2 Exemplo 2: Medidas de pH em linha

No sitema da Figura 1.6 é possível fazer medidas de pH em um grande número de amostras de forma rápida e sequencial usando pequenos volumes. O sistema de análise em fluxo é apresentado na Figura 1.6 onde se pode verificar que as amostras foram analisadas em triplicata. Este sistema trabalha com uma razão de fluxo de 2,0 mL min^{-1} e apresenta dispersão limitada. O detector é constituído por um eletrodo de vidro capilar e um eletrodo de referência de calomelano convencional. Um volume de 30 µL da amostra é injetado por uma válvula no fluxo do carreador o qual se constitui de uma solução tampão fosfato 0,2 mol L^{-1} em NaCl 0,14 mol L^{-1} com pH igual a 6,64. Essa solução é utilizada para obter a linha de base. Sendo assim, soluções com pHs maiores que o pH do carreador tem o sinal registrado como um pico positivo e soluções com pHs menores que este valor tem sinais registrados como picos negativos (SANTELLI, 1999).

Figura 1.6 – (a) Sistema em fluxo para medidas de pH; (b) tipos de sinais registrados. S é o ponto de injeção da amostra, P é a bomba peristáltica, D é o detector e W é o descarte.

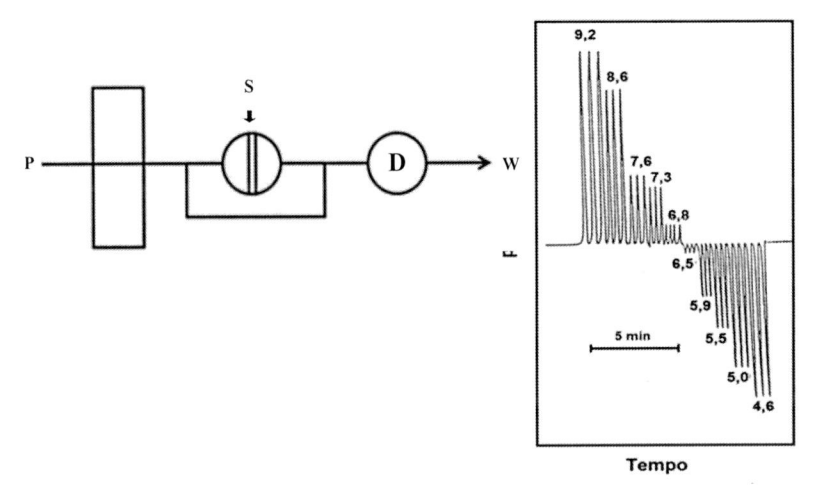

Fonte: Adaptado de Santelli (1999).

1.3.3 Exemplo 3: Determinação de metais por FAAS

No sistema a seguir (Figura 1.7), 150 µL da solução da amostra é injetada no fluxo carreador que desta vez é constituído por uma solução de H_2SO_4 5,0 x 10^{-4} mol L^{-1}. A solução ácida favorece o processo de atomização do metal na chama do espectrômetro de absorção atômica, e o seu fluxo (4,9 mL min^{-1}) deve ser compatível com a taxa de aspiração do equipamento. O comprimento do condutor que liga o ponto em que a amostra é injetada ao detector deve ser a menor possível (neste caso usou-se 20 cm) para assegurar uma dispersão limitada e não haver perda de sensibilidade.

Figura 1.7 – (a) Sistema em fluxo para medidas em espectrometria de absorção atômica com chama. S é o ponto de injeção da amostra, P é a bomba peristáltica, D é o detector e W é o descarte.

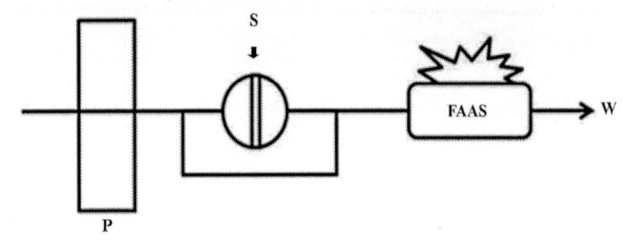

Fonte: Adaptado de Burguera (1989).

1.4 CONFIGURAÇÕES DE SISTEMAS DE ANÁLISE POR INJEÇÃO EM FLUXO

Os sistemas de análise por injeção em fluxo apresentam uma multiplicidade de configurações que podem se basear em uma única linha, como aqueles apresentados na secção 1.2 (os mais simples) até sistemas muito complexos que apresentam várias etapas. Vários fluxos de soluções com pontos de confluência entre elas e com diversos elementos como reatores, aquecedores, comutadores, etc., contribuem para a detecção do analito. O sistema de duas linhas, apresentado na Figura 1.8b é um dos mais comuns para determinações espectrofotométricas. Nele, a amostra é injetada no fluxo de um carreador inerte que se encontra com um reagente no ponto de confluência e são misturados em uma bobina antes de seguir para o detector. Desta forma, o reagente é diluído de forma constante na presença ou ausência de uma amostra e não apresenta problemas com a linha de base de um detector espectrofotométrico. Em contraste com o sistema de linha única da Figura 1.8a, a injeção da amostra causa a diluição do reagente em um segmento do fluxo e, consequentemente, diferenças de índice de refração no mesmo fluxo, ocasionando o "efeito shift", que é percebido pela perturbação da linha de base. As Figuras 1.8c e 1.8d mostram que há a confluência de dois reagentes antes deles se encontrarem com o fluxo da amostra. Esta configuração permite a mistura de reagentes químicos, cujo produto é instável, dentro do próprio sistema. Outro exemplo de configuração é apresentado na Figura 1.8e. Neste caso, a amostra vai recebendo as soluções separadamente em diferentes pontos de confluência do sistema em fluxo (CHISTIAN, 1994).

Figura 1.8 – Algumas configurações de sistemas para análise por injeção em fluxo: (a) linha única, (b) duas linhas (amostra e reagente) com um ponto de confluência, (c) reagentes pré-misturados por confluência de duas linhas antes da injeção da amostra em linha única, (d) reagentes pré-misturados por confluência de duas linhas antes de entrar em confluência em linha única com a amostra pré-injetada e (e) amostra pré-injetada antes da confluência de cada reagente separadamente ao longo da linha.

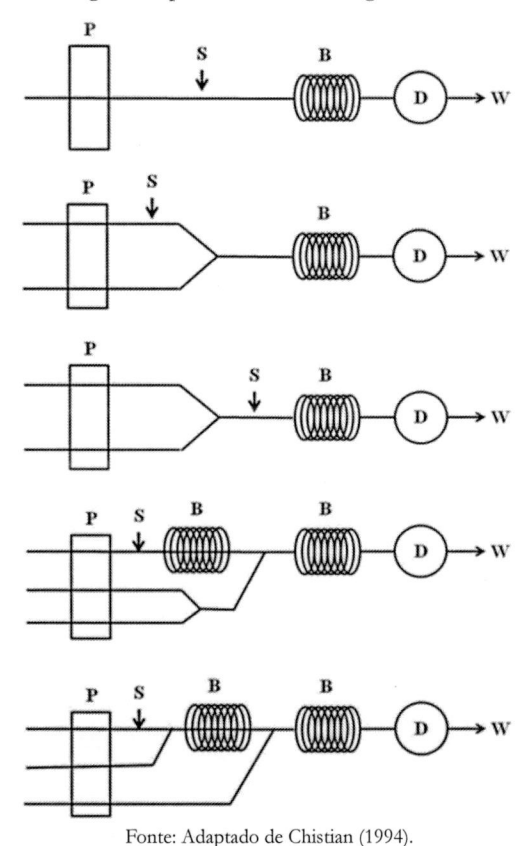

Fonte: Adaptado de Chistian (1994).

1.5 FIA NORMAL E REVERSA

Na maioria das vezes a análise por injeção em fluxo é realizada na introdução da amostra no fluxo de algum reagente que também é o elemento carreador. Esta é a forma mais comum de se realizar uma análise utilizando a técnica e, por isso, foi designada FIA normal. O modo reverso pode ser realizado mediante a injeção de uma alíquota do reagente no fluxo da amostra. Estes dois sistemas são representados na Figura 1.9.

A aplicação da FIA reversa, como se pode perceber, diminui a quantidade de reagente consumido, podendo se tornar uma característica de grande interesse quando é utilizado um reagente de alto custo e há disponibilidade de grande quantidade da amostra. A depender do grau de dispersão, uma maior sensibilidade pode também ser obtida em FIA reversa, pois ao contrário do modo normal, é o reagente que se dispersa na solução a ser analisada (RUZICKA; HANSEN, 1975; CALATAYUD, 1997).

Figura 1.9 – Comparação entre as configurações de um sistema (a) FIA normal e (b) FIA reversa.

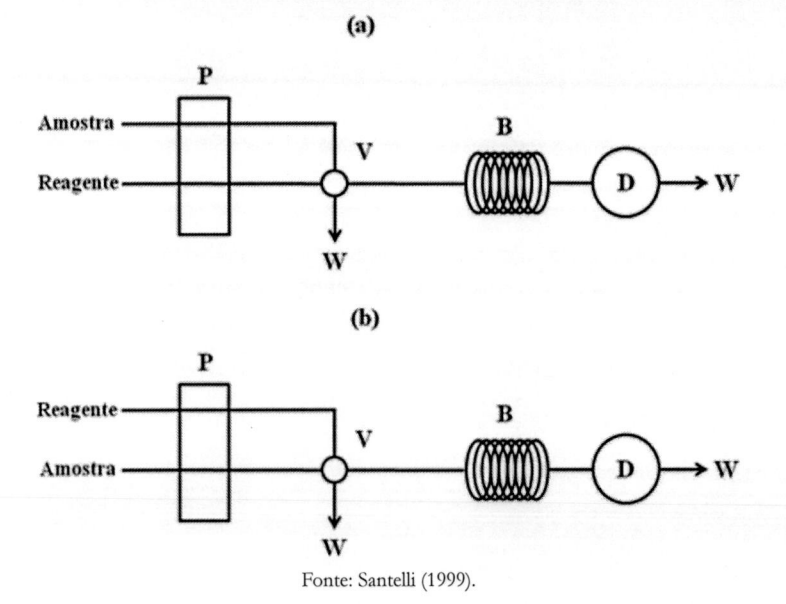

Fonte: Santelli (1999).

1.6 FIA COM MÚLTIPLAS INJEÇÕES

Havendo limitações nas quantidades de amostra e reagentes, pode-se optar pela construção de um sistema FIA com múltiplas injeções. Nestes sistemas, reagentes e amostra são injetadas em pequenas quantidades por meio de um líquido que tem a função de carreador. As análises realizadas desta forma apresentam baixo custo, principalmente quando o líquido carreador é a água. No entanto, deve-se tomar muito cuidado com a dispersão da amostra para que a sensibilidade não seja prejudicada. A Figura 1.10, apresenta um sistema de dupla injeção (CHISTIAN, 1994; SANTELLI, 1999).

Figura 1.10 – Sistema de análise em fluxo com dupla injeção.

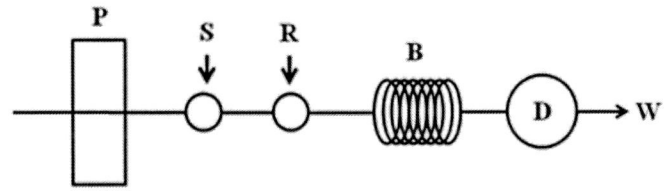

Fonte: Santelli (1999).

CAPÍTULO 2

COMPONENTES DE UM SISTEMA PARA ANÁLISE EM FLUXO

2.1 INTRODUÇÃO

A montagem de sistemas de análise por fluxo contínuo na maioria das vezes é muito simples e fácil de realizar. Geralmente estes sistemas são formados por quatro elementos essenciais: a unidade propulsora do fluxo, o comutador, os condutores (ou tubos) e o detector. Outros elementos, como por exemplo, bobinas, colunas de separação e pré-concentração, filtros, reatores, entre outros, podem ser acoplados ao sistema de fluxo com o objetivo de realizar alguma operação que permita a determinação do analito ou a melhoria das características analíticas do sistema.

2.2 DISPOSITIVO DE PROPULSÃO

Um dispositivo que promova a propulsão de soluções e outros líquidos, por meio de tubos, é uma parte essencial de sistemas de análise em fluxo. Estes sistemas operam essencialmente em baixas pressões e, idealmente, necessitam gerar fluxos livre de pulsos que sejam altamente reprodutíveis, principalmente quando a análise se baseia na contagem do tempo. As unidades de propulsão devem também atender a algumas características adicionais tais como: (1) produzir pulsos reprodutíveis tanto em curtos quanto em longos períodos de uso; (2) possuir vários canais que permitam a propulsão simultânea de líquidos por vários condutores; (3) ser resistente a diversos solventes e reagentes; (4) permitir variar facilmente a magnitude da velocidade de fluxo e (5) ser de baixo custo de aquisição e manutenção (FANG, 1993).

Infelizmente, nenhum dispositivo de propulsão disponível atualmente no mercado atende perfeitamente a todos esses requisitos. Os dispositivos de propulsão mais usados em sistemas de análise por injeção em fluxo são as bombas peristálticas. Podem-se ainda encontrar sistemas com base em fluxo contínuo cujos líquidos são propelidos por uma bomba de pistão, por um gás ou por gravidade. Mas seus usos em sistemas de análise por fluxo contínuo são mais raros (LEMOS, 2001; FANG, 1993).

As bombas peristálticas são dispositivos que deslocam um fluído contido dentro de um tubo flexível durante o esmagamento deste tubo por meio de um conjunto de cilindros giratórios unidos a um disco movimentado por um motor (Figura 2.1). Enquanto o disco rotor dá voltas, os cilindros comprimem o tubo flexível que se fecha forçando, desta maneira, o fluído a se mover através dele. Adicionalmente, enquanto o tubo volta ao seu estado natural abrindo-se, o fluxo continua a ser impelido pelo condutor por meio dos esmagamentos promovidos pela passagem dos cilindros posteriores em um processo ininterrupto. Este processo é chamado movimento peristáltico e também pode ser observado, com as devidas diferenças, nas paredes do tubo digestivo (SANZ-MEDEL, 1999; FANG, 1993).

Figura 2.1 – Funcionamento de uma bomba peristáltica: (a) tubo flexível; (b) placa de compressão dos tubos flexíveis; (c) carrossel do rotor formado por cilindros de compressão e (d) fluxo sendo bombeado através do tubo flexível.

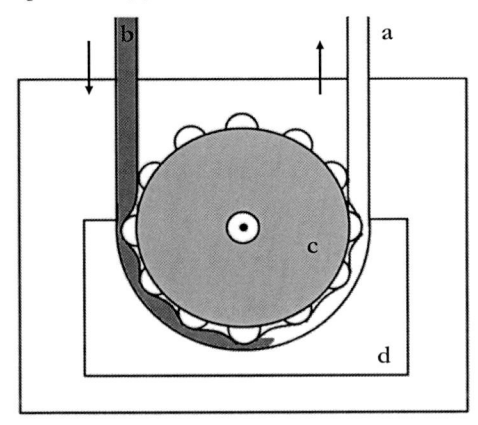

Fonte: Desenhada por um dos autores com base na observação de uma bomba real.

De forma geral, as bombas peristálticas são tipicamente usadas para bombear fluídos limpos ou estéreis para evitar a contaminação do líquido, e/ou para bombear fluídos agressivos visto que o fluído pode danificá-la. Ela é indicada quando o isolamento do líquido do ambiente e das partes da bomba são fatores críticos em um processo. Como a sua única parte em contato com o fluído propelido é o interior do tubo flexível, a contaminação por seus elementos próprios praticamente não ocorre. Ademais, já que não há partes móveis em contato com o líquido, as bombas peristálticas são baratas e fáceis de fabricar. A ausência de válvulas, selos e de arruelas, e o uso de mangueiras ou tubos, fazem com que elas tenham uma manutenção relativamente de baixo custo comparado a outros tipos de bombas.

As bombas peristálticas modernas, usadas em sistemas de análise em fluxo, possuem geralmente entre 8 e 10 cilindros arranjados em configuração circular. A velocidade do fluxo nos tubos flexíveis pode ser controlada, em parte, pela velocidade do motor da bomba e, em parte, pela escolha do diâmetro interno do próprio tubo. Há vários condutos de diferentes diâmetros e de diferentes materiais disponíveis no mercado para a montagem de sistemas de fluxo. No entanto, diversos elementos que compõem o sistema analítico de fluxo contínuo podem contribuir para aumentar a impedância desse sistema exigindo que a real velocidade de fluxo seja obtida experimentalmente para cada diferente configuração ou esquema de análise proposto (YEBRA-BIURRUM, 2009).

O material do qual é construído o tubo também permite a utilização de diversos solventes e soluções. As soluções aquosas diluídas geralmente não apresentam problemas de ataque ao material de qualquer tubo condutor. Por outro lado, para trabalhar com um solvente orgânico, como a acetona, exige-se a utilização de um conduto de silicone para garantir que este não seja danificado. A Tabela 2.1 apresenta alguns tipos de materiais usados para fabricação de tubos e sua indicação para o uso com determinado tipo de solvente (SANTELLI, 1999).

As principais desvantagens do uso de bombas peristálticas nos sistemas de análise são: (1) a presença de pulsação, (2) a falta de estabilidade do fluxo quando usada em longos períodos e (3) a baixa resistência dos tubos flexíveis acoplados à bomba, à solventes orgânicos, à ácidos fortes concentrados e ao desgaste próprio do seu uso. Contudo, muitas dessas características indesejáveis podem ser superadas ou atenuadas com cuidados. Como por exemplo, a constante realização de procedimentos de calibração quando a quantidade de amostras (e, portanto o tempo de análise) for muito grande, evitando o uso de vazões muito baixas (o que aumentaria a pulsação). Ou por meio do uso de dispositivos para manipulação de solventes orgânicos e ácidos concentrados em linha, evitando, dessa forma, o deslocamento dessas substâncias nos tubos em contato com os cilindros da bomba (FANG, 1993).

Tabela 2.1 – Tubos flexíveis para uso em bombas peristálticas

Tipos de líquidos e soluções	Material do tubo flexível
Soluções aquosas	PVC, Tygon
Soluções diluídas de etanol	PVC, Tygon
Soluções diluídas de ácidos e bases	PVC, Tygon, silicone
Soluções de ácido e base concentradas	Fluoroplásticos
Alcoóis	PVC modificado
Formaldeído, acetaldeído	PVC, Tygon
Acetona	Silicone
Hidrocarbonetos alifáticos	PVC modificado
Hidrocarbonetos aromáticos	Fluoroplásticos
Tetracloeto de carbono	PVC modificado

Fonte: Santelli (1999).

Para aumentar o desempenho da propulsão gerada por uma bomba peristáltica recomenda-se que lubrifique os tubos flexíveis em contato com os cilindros da bomba com óleo de silicone. É necessário também o ajuste correto das placas de compressão dos tubos para obtenção do fluxo adequado do líquido sem forçar desnecessariamente o motor da bomba. E, ademais, como já foi citado, usar uma velocidade de rotação suficientemente alta para atenuar os pulsos.

2.3 DISPOSITIVO DE COMUTAÇÃO DE FLUXO OU DE INSERÇÃO DE AMOSTRAS

Existe um grande número de dispositivos que realizam a comutação de fluxos e/ou inserção da solução da amostra no sistema de análise. Este último, em fluxo contínuo, trabalha com pressões baixas e, portanto, não requer válvulas que suportem pressões extremamente altas como aquelas usadas em cromatografia líquida de alto desempenho. No entanto, é desejável que estas válvulas desempenhem outras funções simultaneamente à injeção da amostra no fluxo e possua vários canais que permitam comutar os diversos fluxos de soluções e solventes que compõem o sistema analítico. Nas próximas secções serão comentados os seguintes tipos de comutadores: (a) válvulas rotatórias; (b) válvulas com alça para desvio de fluxo e (c) comutadores de placas paralelas. Há também as válvulas solenóides, mas estas serão discutidas no Capítulo 4 sobre automação de sistemas em fluxo.

2.3.1 Válvulas rotatórias

As válvulas rotatórias apresentam canais na superfície de contato da peça giratória e orifícios na peça fixa que devem coincidir com as extremidades destes canais. Ao se comutar à válvula, estes mudam de posição e os percursos dos fluxos são alterados permitindo que uma solução seja injetada no sistema analítico, ou então, permitindo que o fluxo seja direcionado para algum dispositivo se a alça de amostragem for substituída por outro elemento. Pode-se encontrar no mercado válvulas rotatórias de quatro, seis e oitos vias. As de seis vias são as mais comuns e sua construção é bastante simples. A Figura 2.2 ilustra o funcionamento de uma válvula de seis canais (FANG, 1993; YEBRA-BIURRUM, 2009).

Figura 2.2 – Esquema de uma válvula rotatória de seis vias: S, amostra; NS, nova amostra; C, solução carreadora; D, detector; L, alça de amostragem e W, descarte.

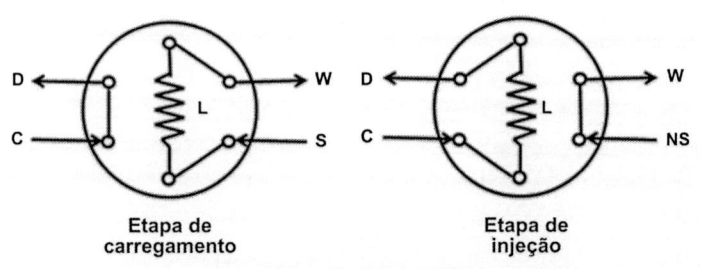

Fonte: Adaptado de Fang (1993).

2.3.2 Válvulas com alças para desvio de fluxo (bypass)

As válvulas do tipo bypass apresentam uma alça feita por um tubo de plástico conectada em um ponto anterior e em um ponto posterior à entrada e à saída da válvula respectivamente, de forma a evitar a interrupção do fluxo durante a etapa de amostragem (Figura 2.3). O bloqueio do curso no tubo condutor principal não traz prejuízos em termos de reprodutibilidade quando se usa esta alça paralela para promover o desvio do fluxo, principalmente em sistemas automaticamente controlados em que o tempo de interrupção é bastante reduzido.

Figura 2.3 – Representação esquemática do princípio de uma válvula com alça de desvio de fluxo. (a) enchimento da válvula com a solução da amostra. (b) injeção da amostra.

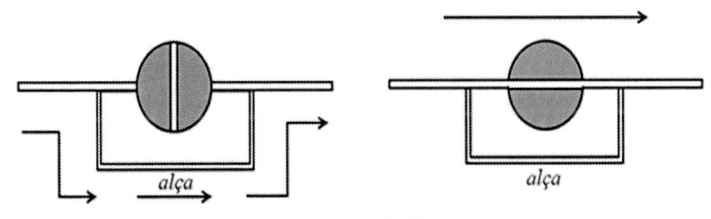

Fonte: Fang (1993).

2.3.4 Comutadores/Injetores proporcionais

Os comutadores/injetadores proporcionais são geralmente construídos com três placas de acrílico posicionadas paralelamente, sendo que a placa central é móvel e as externas são fixas. A mudança de posição da placa central é capaz de comutar os diversos fluxos que podem fazer parte de um sistema FIA. A Figura 2.4 apresenta um comutador proporcional de três canais.

Figura 2.4 – Comutador/Injetor proporcional: S, amostra; C, carreador; L, alça de amostragem; W, descarte e D, detector. (a) etapa de amostragem e (b) etapa de injeção.

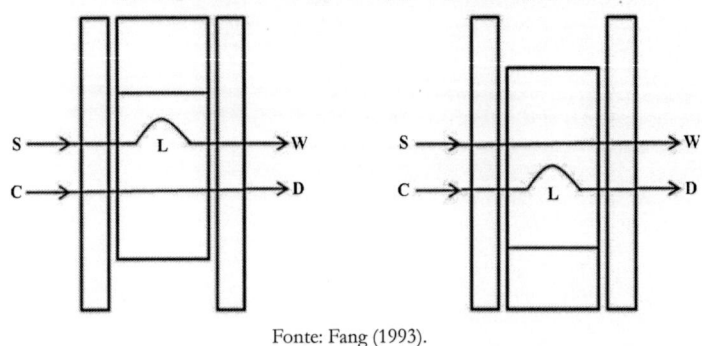

Fonte: Fang (1993).

2.4 ELEMENTOS PARA TRANSPORTE, CONEXÃO, MISTURA E REAÇÃO

Os elementos que promovem o transporte de soluções em um sistema de análise em fluxo são os tubos condutores. Estes tubos, por sua vez, devem ser ligados por dispositivos conectores adequados para evitar vazamentos ou rompimento dessas conexões. A maior parte dos elementos de mistura e reação (bobinas, reatores) pode ser facilmente construída por meio do uso do próprio tubo condutor com base em configurações que privilegiam o fenômeno da dispersão.

2.4.1 Tubos condutores

Os tubos condutores são componentes essenciais em todos os sistemas de fluxo contínuo. Eles não possuem flexibilidade suficiente e também não foram desenhados para serem acoplados em bombas peristálticas para promover propulsão. Sua função é transportar solventes e soluções pelo sistema analítico para dispositivos que permitam a realização de operações como mistura entre reagentes, diluição, aquecimento, promoção de reações, separações, pré-concentrações, entre outras necessárias para a detecção do analito.

Os tubos de PTFE ou PVC de diâmetro entre 0,35 e 1,0 mm são os mais usados para propósito de condução de soluções em sistemas de fluxo contínuo. Apesar da espessura das suas paredes não ser um fator crítico, recomenda-se que elas não devem ser menores que 0,5 mm para assegurar uma resistência mecânica adequada.

Em técnicas com base nas análises por injeção da amostra em fluxo (FIA), recomenda-se que os comprimentos dos tubos condutores sejam os mais curtos possíveis para evitar a diluição desta amostra devido ao efeito da dispersão (FANG, 1993; KELLNER et al., 1998).

2.4.2 Conectores

Os tubos condutores de um sistema de análise em fluxo podem ser prolongados ou conectados a diversos componentes mediante ao uso de dispositivos apropriados para esta finalidade como os apresentados nas Figuras 2.5a, 2.5b, 2.5c e 2.5d. Os conectores mostrados na Figura 26 são também usados para promover a confluência de fluxos de reagentes.

Pedaços de condutores de diâmetros maiores que aqueles a serem conectados também podem ser usados, contanto que eles se ajustem adequadamente e não se rompam com a pressão que surge devido à propulsão do líquido. É necessário tomar cuidado ao fazer a conexão para evitar a formação de câmaras que aumentam a dispersão de forma indesejada (Figura 2.5a).

Figura 2.5 – Tipos de conectores comuns: (a) de conexão por encaixe usando outro tubo de diâmetro maior como luva; (b) de conexão por enroscamento em uma peça de acrílico ou polietileno com canais e (c) de conexão do tipo empurra-encaixa.

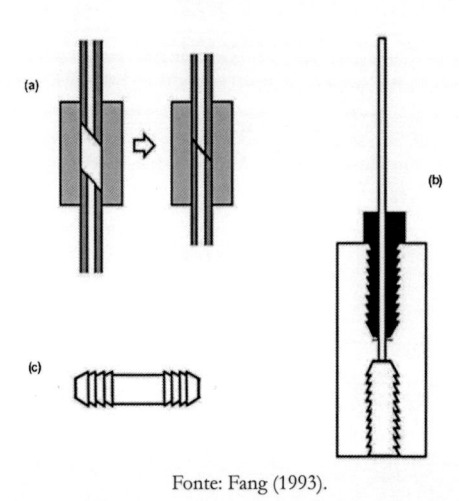

Fonte: Fang (1993).

Figura 2.6 – Conectores para confluência do tipo empurra-encaixa: (a) conector em T; (b) conector em Y e (c) conector em cruz.

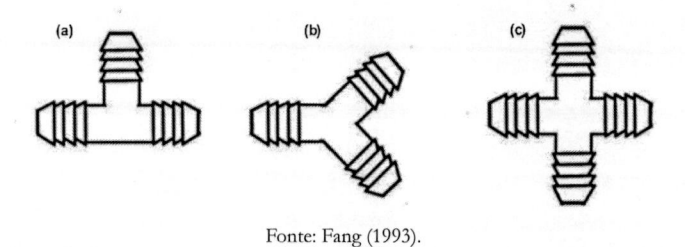

Fonte: Fang (1993).

2.4.3 Reatores

A principal função de um reator é promover uma mistura de dois ou mais componentes a partir da intensificação de movimentos radiais reprodutíveis. O reator é feito com um tubo de PTFE cujo comprimento depende do grau de mistura desejada entre os reagentes. Os tubos devem ser enrolados em forma de bobinas (Figura 2.7a) ou amarrados em vários nós (reatores enovelados, Figura 2.7b) para produzir um fluxo secundário no plano radial. Ocorre, então, o aumento da dispersão na direção radial e diminuição da dispersão axial promovendo uma mistura localizada e eficiente, sem o risco de diluição.

Os reatores enovelados são mais eficientes na promoção da mistura que as bobinas. Isto ocorre porque, nesses últimos componentes, a direção do fluxo é mudada principalmente em um plano bidimensional enquanto nos reatores enovelados, a direção do fluxo é mudada nas três dimensões (FANG, 1993; CHISTIAN, 1994).

Figura 2.7 – Tipos de reatores: (a) bobina e (b) reator enovelado.

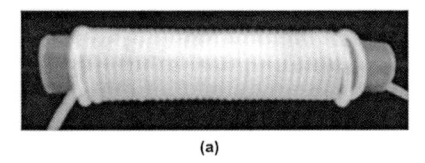

Fonte: Acervo de fotos dos autores e Fang (1993).

2.5 DETECTORES

Em princípio, qualquer instrumento analítico capaz de efetuar medidas de modo contínuo pode ser acoplado a um sistema de análise em fluxo para realizar o papel de detector. Contudo, algumas técnicas são inerentemente mais adequadas que outras na realização desta interface e, consequentemente são mais usadas. São incluídos neste conjunto de detectores os espectrofotômetros de absorção molecular no ultravioleta visível, os espectrômetros de absorção atômica, os espectrômetros de plasma acoplado indutivamente e os espectrômetros de quimiluminescência e vários detectores eletroquímicos. A Figura 2.8 apresenta a classificação dos tipos mais comuns de detectores (SANZ-MEDEL, 1999).

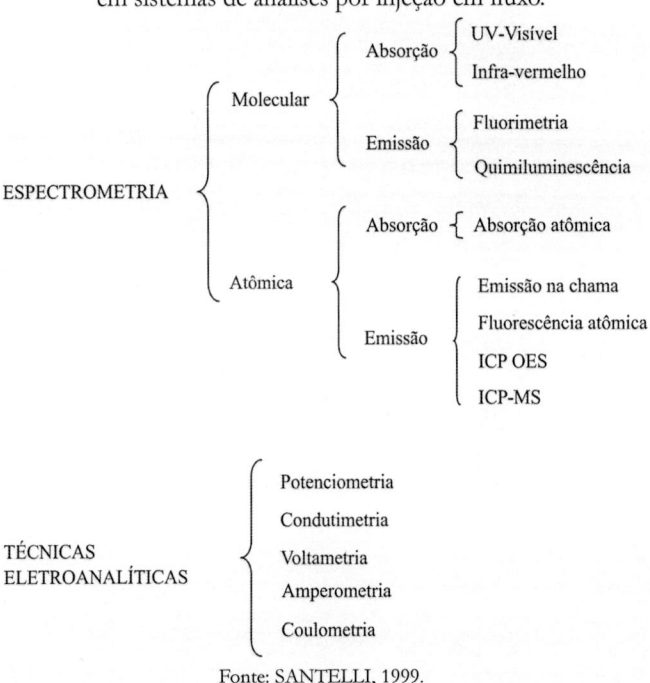

Figura 2.8 – Principais técnicas analíticas usadas para detecção em sistemas de análises por injeção em fluxo.

```
                        ┌ Absorção  ┌ UV-Visível
                        │           └ Infra-vermelho
             ┌ Molecular┤
             │          │ Emissão   ┌ Fluorimetria
             │          └           └ Quimiluminescência
ESPECTROMETRIA┤
             │          ┌ Absorção ─{ Absorção atômica
             │          │
             └ Atômica  ┤           ┌ Emissão na chama
                        │           │ Fluorescência atômica
                        └ Emissão  ─┤ ICP OES
                                    └ ICP-MS
```

```
                      ┌ Potenciometria
                      │ Condutimetria
TÉCNICAS              │
ELETROANALÍTICAS ─────┤ Voltametria
                      │ Amperometria
                      └ Coulometria
```

Fonte: SANTELLI, 1999.

2.5.1 Detectores espectrométricos

2.5.1.1 Espectrofotômetros

Espectrofotômetros UV e visível são os sistemas de detecção mais usados em análises por sistemas de fluxo contínuo. Um espectrofotômetro convencional pode ser facilmente transformado num detector em linha quando substitui a cubeta comum por uma célula apropriada para detecção em fluxo.

Células de fluxo (Figura 2.9) podem ser fabricadas com vidro ou quartzo, e podem ter, por exemplo, até 18 μL de capacidade no caminho ótico. Os dutos de entrada e saída são construídos no local em que o fluxo é introduzido da parte inferior da célula e na parte superior, a fim de facilitar a liberação de bolhas de ar introduzidas acidentalmente.

Em algumas aplicações, os sistemas de separação e detecção são construídos colocando um sorvente parcialmente transparente em uma célula de fluxo. O analito pode ser coletado primeiro no sorvente, transformando em espécie detectável *in situ*, e detectado no próprio sorvente.

Figura 2.9 – Duas visões de uma representação esquemática de uma cubeta de fluxo para detecção espectrofotométrica.

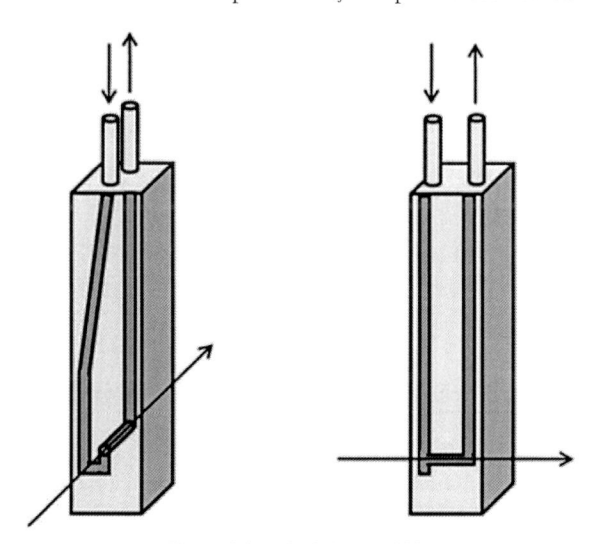

Fonte: Adaptado de Fang (1993).

Um problema frequente encontrado nas leituras espectrofotométricas em linha é a geração de picos espúrios devido às diferenças nas propriedades refrativas de amostras e carreadores ou reagentes. O índice de refração de um meio é uma função de fatores como temperatura e comprimento de onda do feixe de radiação incidente. No caso de uma solução, o índice de refração depende também da concentração das espécies presentes. Desta maneira, a formação de intensos gradientes de concentração dos sistemas em linha provoca a formação de gradientes com índice de refração na zona da amostra.

Esses gradientes resultam na formação de interfaces com diferentes índices de refração, que podem provocar reflexão e refração do feixe de radiação incidente, focalizando-o em direção ao detector ou provocando espalhamento de radiação.

Devido às alterações na quantidade de radiação que atinge o detector, a presença desse fenômeno, denominado efeito Schlieren, pode levar à formação de picos distorcidos ou invertidos (ROCHA; NÓBREGA, 1996).

Diversos procedimentos têm sido explorados no sentido de evitar, eliminar ou corrigir perturbações causadas por efeito Schlieren na medida dos sinais transientes. O artifício mais simples consiste na compatibilização entre as características físico-químicas do transportador às das soluções a serem processadas. Nos casos em que esta alternativa não é viável, três estratégias devem ser consideradas:

a) A minimização da interação entre a zona de amostra e o fluxo transportador. Uma alternativa prática é a injeção de um volume relativamente grande de amostra, para evitar intensos gradientes no centro da zona desta (ROCHA; NÓBREGA, 1997). O volume de amostra é variado de forma que o efeito Schlieren nas porções inicial e final da zona não afete as medidas na parte central. Uma limitação dessa estratégia surge quando um grande volume de amostra não está disponível.

b) O uso de sistemas com melhores condições de mistura. Alternativas têm sido propostas visando favorecer a difusão no sentido radial, o que permite uma mistura adequada. Isso pode ser obtido na utilização de reatores que permitem a mudança contínua na direção do fluxo, como os reatores tubulares helicoidais ou enovelados.

c) Procedimentos instrumentais que permitam distinguir entre os sinais devidos ao analito e aqueles relacionados à absorção não-específica. Por exemplo, compensação das perturbações devidas ao efeito Schlieren por meio de medidas em dois comprimentos de onda, utilizando um espectrofotômetro com arranjo linear de fotodiodos (ZAGATTO et al., 1990). O primeiro valor de absorvância medido corresponde ao sinal analítico mais a absorção não-específica. No segundo comprimento de onda, em que a absorção devida ao analito é desprezível, a magnitude do efeito Schlieren é determinada. A diferença entre os dois sinais é proporcional à concentração do analito.

O efeito Schlieren não é observado nos procedimentos em batelada ou sistemas em fluxo com segmentos de ar, em que amostras e reagentes são sempre homogeneizados antes da medida final. Assim, esse fenômeno é característico de procedimentos espectrofotométricos em fluxo contínuo. Se a resposta ao analito é alta, os picos espúrios podem ser facilmente diferenciados dos picos principais. Entretanto, se a resposta é baixa, os picos principais podem ser seriamente distorcidos pelos picos interferentes, de acordo com a Figura 2.10.

Outra maneira de minimizar o efeito é emparelhar o índice de refração da amostra e do reagente/carreador. Esta estratégia, embora às vezes seja efetiva, é inconveniente, especialmente quando o índice de refração da amostra deve ser ajustado para se igualar ao daquele reagente ou carreador. Uma solução mais conveniente é distorcer o contorno parabólico da interface amostra/carreador, promovendo mistura radial, usando reatores em nó ou enovelados. Isso é mais efetivo quando o reator é conectado bem próximo à célula, pois qualquer seção reta entre reator e a célula irá proporcionar uma oportunidade para a restauração da interface parabólica (LEMOS, 2001).

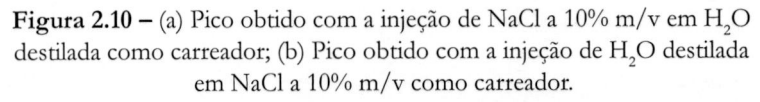

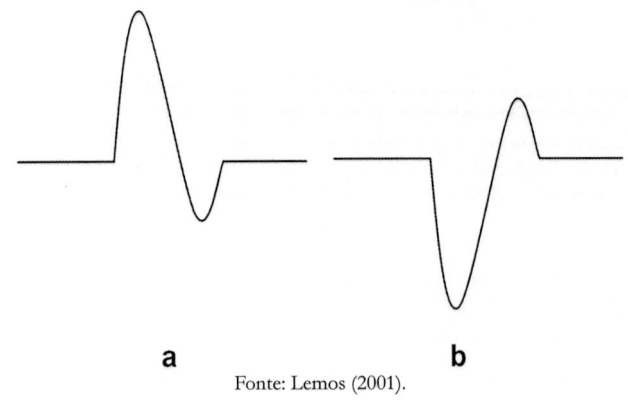

Figura 2.10 – (a) Pico obtido com a injeção de NaCl a 10% m/v em H_2O destilada como carreador; (b) Pico obtido com a injeção de H_2O destilada em NaCl a 10% m/v como carreador.

a   b

Fonte: Lemos (2001).

2.5.1.2 Espectrômetros de Absorção Atômica

O espectrômetro de absorção atômica com chama (FAAS) é um equipamento do qual as soluções são introduzidas continuamente no sistema nebulizador-queimador por meio de sucção. Apesar do volume relativamente grande da câmara de spray (usualmente 100 mL), em comparação com a cubeta de fluxo, este detector apresenta pouca contribuição para a dispersão da amostra injetada, em confronto com outros componentes dos sistemas em linha. Com otimização cuidadosa, cerca de 50 a 80 μl de amostra podem ser injetados para obter-se 80 a 95 % do sinal obtido pela introdução convencional de amostra.

O desempenho do FAAS é aumentado substancialmente mediante ao uso da injeção em fluxo. Além do decréscimo no volume de amostra já mencionado, contribuições adicionais que podem ser de interesse em sistemas de separação e pré-concentração incluem:

a) Forte tolerância a altas concentrações de sólidos dissolvidos na amostra. Soluções de NaCl a 30% m/v podem ser introduzidas no nebulizador sem qualquer dificuldade com relação a entupimento (TYSON et al., 1985);

b) Efeitos de matriz por causa de diferenças na viscosidade são minimizados se uma bomba é usada para a propulsão da amostra. Soluções de magnésio 1 μg/mL contendo glicerol a diferentes concentrações foram introduzidas no FAAS, com um mínimo decréscimo no sinal devido a diferenças de viscosidade, na utilização de um sistema em linha simples, de acordo com a Figura 2.11a. O efeito da viscosidade é pouco pronunciado, se usado um volume muito pequeno de solução (30 μl), conforme a Figura 2.11b (TYSON et al., 1985).

c) Solventes orgânicos podem ser usados como carreadores de amostra para aumentar a sensibilidade. Os solventes orgânicos queimam facilmente na chama e são mais eficientemente vaporizados, devido à menor viscosidade e tensão superficial em relação a soluções aquosas. A Tabela 2.2 mostra os valores relativos dos sinais de uma solução de cobre 10 μg.ml^{-1} introduzida em linha num FAAS, usando várias combinações de solvente da amostra e solvente carreador. Observa-se que metilisobutilcetona (MIBK) é o melhor carreador, provavelmente porque há a combinação do efeito do aumento de sinal acarretado pelo solvente orgânico com a limitada dispersão resultante, por causa da limitada solubilidade (ATTIYAT; CHRISTIAN, 1984).

Figura 2.11 – (a) Sistema para injeção em fluxo. S, amostra; CR, carreador; W, descarte; L, bobina de mistura; P, bomba peristáltica, V_1 válvula; FAAS, espectrômetro de absorção atômica com chama. (b) Variação da absorvância por aspiração de uma solução de Mg 1 µg/ml contendo glicerol no sistema, com a concentração do álcool: 1, nebulização convencional; 2, volume injetado: 200 µl; 3, volume injetado: 30 µl.

Fonte: Lemos (2001).

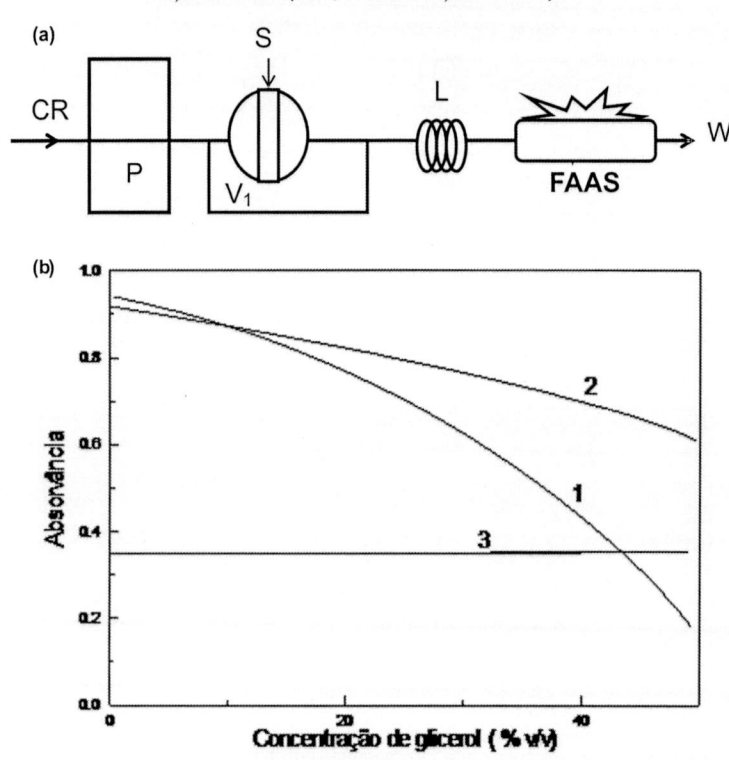

Tabela 2.2 – Sinais relativos de soluções de cobre para diferentes combinações de solvente da amostra com solvente carreador.

Solvente da amostra	Solvente carreador				
	Água	Metanol	Etanol	Acetona	MIBK
Água	1,0	1,8	2,5	1,9	2,9
Metanol	5,8	6,3	6,3	7,4	7,1
Etanol	5,4	5,6	5,5	6,4	6,9
Acetona	7,2	8,0	8,2	6,9	8,9
MIBK	5,6	5,0	6,2	5,1	5,9

Fonte: Lemos (2001).

A Figura 2.12 mostra os sinais de soluções de cobre introduzidas em linha num FAAS, usando a melhor e a pior combinação de solventes. A Espectrometria de Absorção Atômica baseada na geração de hidretos (HGAAS) ou vapor frio (FANG et al., 1996) em atomização eletrotérmica com fornos de grafite (ETAAS) (FANG; TAO, 1996) também têm sido usadas em conjunto com sistemas em linha para melhorar o desempenho dessas técnicas. Ao contrário dos sistemas de separação em linha acoplados a FAAS, nos quais algum grau de pré-concentração é desejado, em sistemas on-line com detecção por ETAAS as separações são geralmente conduzidas como um meio efetivo de eliminação de interferências (FANG, 1998).

Figura 2.12 – Sinais relativos de soluções de cobre (A) em acetona usando MIBK como carreador e (B) em água usando água como carreador.

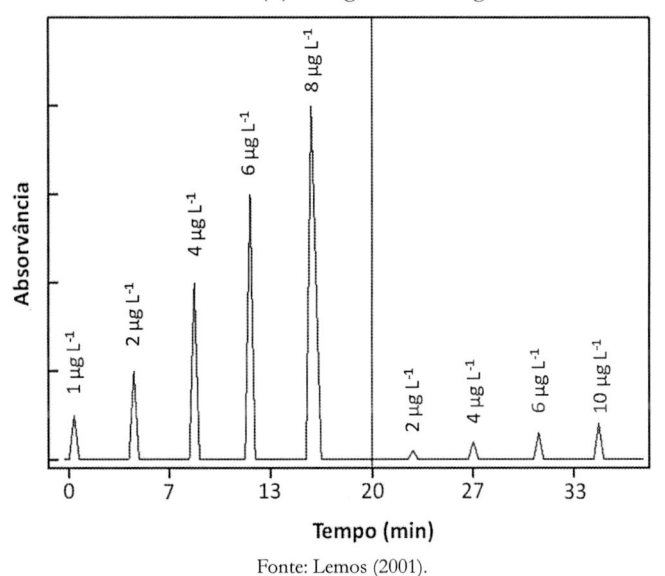

Fonte: Lemos (2001).

2.5.1.3 Espectrômetros com plasma indutivamente acoplado (ICP)

A espectrometria de emissão com plasma indutivamente acoplado (ICP OES), embora seja amplamente aceita como uma técnica conveniente para a análise de traços, ainda sofre vários problemas, como interferências espectrais devido a componentes da matriz e bloqueio do nebulizador quando há um alto teor de sólidos em solução ou aumento na emissão do analito (CORDERO et. al., 1996). Injeção em fluxo como método para a introdução da amostra tem sido muito aplicada em ICP OES (LEMOS, 2001). Espectrometria de Massas com Plasma Indutivamente Acoplado (ICP-MS) também tem sido muito usada em conjunto com procedimento em linha para a análise de traços, apesar de sofrer interferências espectrais e físico-químicas (HEITHMAR et al., 1990).

Uma grande vantagem do ICP sobre AAS é a sua capacidade multielementar, que, combinada com a versatilidade dos sistemas em fluxo pode criar uma poderosa combinação com grande potencial de detecção elementar.

2.5.2 Detectores eletroquímicos

Uma grande variedade de detectores eletroquímicos tem sido usada em análises por injeção em fluxo, como aqueles com base em medidas potenciométricas, amperométricas, condutimétricas, voltamétricas e cronopotenciométricas. Os tipos de detectores usados são os mais variados, mas o mais largamente usado é o eletrodo íon-seletivo (RISINGER, 1986). Um desenho de sistema em linha utilizando esse tipo de eletrodo é mostrado na Figura 2.13 (FANG, 1993).

Figura 2.13 – Um eletrodo utilizado em sistema em linha. T, tubo de PVC; M, membrana contendo substância eletroativa; H, compartimento contendo solução de referência; R, eletrodo Ag/AgCl.

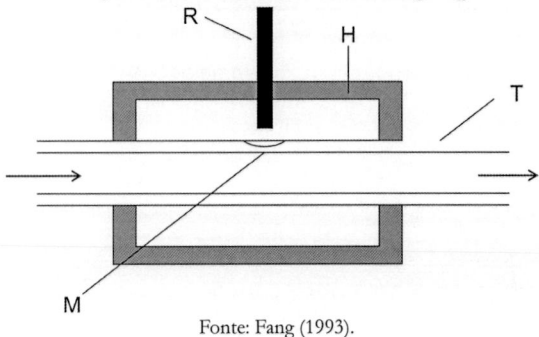

Fonte: Fang (1993).

O método de introdução de amostra em linha para detecção por eletrodos íon-seletivos apresentam algumas vantagens, com relação à prática convencional:

a) As dificuldades na operação manual para decidir o tempo de leitura apropriado são evitadas. O tempo de exposição do eletrodo à amostra é fixado na operação em linha, aumentando a precisão das medidas;

b) A seletividade dos eletrodos é frequentemente aumentada por discriminação cinética, pois os íons interferentes usuais respondem mais lentamente do que o analito. O preciso controle do tempo da injeção em fluxo pode ser usado para controlar o tempo de leitura antes que os efeitos interferentes tornem-se detectáveis. No entanto, nos procedimentos em batelada, há sempre a espera para que, não só a resposta do analito, mas também a resposta do interferente estabilize;

c) A superfície sensível dos eletrodos seletivos é facilmente afetada ou danificada por materiais nocivos em amostras reais. O curto tempo de exposição nos métodos em linha decresce esse risco e prolonga a vida útil dos eletrodos.

2.5.3 Detectores de quimioluminescência e bioluminescência.

O uso de reações de quimioluminescência em procedimentos em linha para a análise de espécies orgânicas e inorgânicas em quantidades traço tem ganhado atenção, por causa da instrumentação simples e baixos limites de detecção que podem ser alcançados (ALWARTHAN; HABIB; TOWNSHEND, 1990). A técnica pode ser seletiva para formas químicas particulares e, assim, ser muito útil em estudos de especiação. Íons metálicos, em particular, podem ser determinados por seu efeito catalítico na oxidação do luminol, ou por seu efeito inibidor na oxidação catalisada desse mesmo reagente (BURGUERA, J. L.; BURGUERA, M.; TOWNSHEND, 1981). Reações de quimioluminescência e bioluminescência são frequentemente rápidas, e a duração dos sinais extremamente baixa; além disso, somente os sinais de reações mais lentas podem ser monitoradas por procedimentos em batelada, enquanto reações na faixa de milissegundos podem ser prontamente monitoradas em um sistema em linha. Tais detectores são frequentemente construídos em forma espiral para aumentar o fluxo do feixe luminoso.

2.5.4 Detectores fluorimétricos.

O desempenho de detectores fluorimétricos aumenta de acordo com o uso de técnicas em linha (CHEN; CASTRO; VALCARCEL, 1990). A célula de fluxo de tais detectores usados para HPLC pode prontamente ser adaptada para uso em sistemas em linha. A reprodutibilidade de medidas de fluorescência é melhorada pelo controle das condições da reação, e a seletividade pode ser aumentada pela remoção de interferentes, usando técnicas de separação em linha.

CAPÍTULO 3

DISPERSÃO EM SISTEMAS DE FLUXO CONTÍNUO

3.1 INTRODUÇÃO

A dispersão em sistemas de fluxo contínuo não segmentado é caracterizada pela diluição de uma amostra introduzida no fluxo de um líquido carreador na formação de gradientes de concentração. Na realidade, a dispersão é um fenômeno complexo e envolve uma série de outros fenômenos que ocorrem no sistema FIA e, portanto, não pode ser tratada simplesmente como diluição física.

Os gradientes de concentração possuem formatos parabólicos na direção de movimentação do fluxo. Pode-se fazer uma analogia entre a velocidade de correntes de águas no leito de um rio e o perfil parabólico da fluxo no interior de um tubo condutor em FIA, como é mostrado na Figura 3.1. Sabe-se que no primeiro caso, a velocidade das águas no seu centro é bem maior que em suas margens. O mesmo pode ser observado em relação à propulsão do líquido no interior de um tubo. O fluxo no seu centro é maior que quando desenvolvido perto de suas paredes internas gerando este perfil parabólico.

A dispersão de uma solução em outra não é um fenômeno que ocorre exclusivamente na análise por injeção em fluxo. Ele também pode ser observado nos procedimentos realizados em batelada quando duas substâncias solúveis são colocadas em contato e a mais concentrada se difunde na menos concentrada, como pode ser analisado na Figura 3.1a. Desse modo, no primeiro momento de contato entre as duas, não ocorre uma homogeneização de imediato. Pelo contrário, a solução adicionada vai formando gradientes de concentrações mais diluídas à medida que se afasta do ponto de contato original entre as duas soluções. Após certo tempo, o processo de dispersão faz com que esta mistura se torne homogênea (FANG, 1993; CHRISTIAN, 1994).

No entanto, apesar do fenômeno da dispersão que ocorre em batelada (recipientes abertos e sem fluxo de solução) e o que ocorre em linha (fluxo de solução impulsionado dentro de um tubo condutor) ser o mesmo, há diferenças fundamentais entre os dois processos. Enquanto no primeiro a dispersão ocorre ao acaso, no segundo a dispersão pode ser reprodutível e controlada. Esta característica torna o conhecimento de como acontece a dispersão em linha um fator fundamental para construção de sistemas por injeção em fluxo confiáveis e com bom desempenho na realização das análises químicas.

Para obter resultados reprodutíveis e confiáveis nos procedimentos em batelada é necessário esperar que o sistema atinja os equilíbrios químicos e de difusão física antes de realizar a determinação do analito na amostra. A homogeneização pode ser acelerada com a agitação mecânica da solução. No entanto, deve-se aguardar o tempo necessário para que o equilíbrio químico ocorra, pois, o ponto de iniciação da reação não pode ser bem definido e controlado. Dessa forma, a dispersão que ocorre em procedimentos em batelada não tem utilidade no desenvolvimento de métodos analíticos que operem fora das condições de equilíbrio (FANG, 1995).

A Figura 3.1b ilustra de forma esquemática os gradientes de concentração que ocorrem no interior de um tubo condutor em FIA. A extensão da dispersão da zona injetada no carreador é determinada não apenas pela difusão molecular, mas principalmente pela convecção devido às diferenças na velocidade de fluxo dos elementos do fluido na direção em que este é impulsionado.

Figura 3.1 – Comparação entre os perfis de dispersão de uma solução concentrada em um carreador em (a) um recipiente aberto e (b) dentro de um tubo condutor.

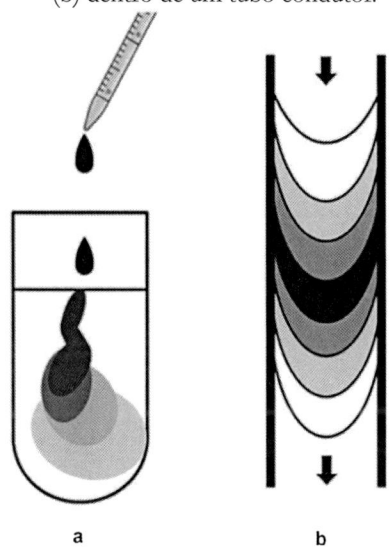

a b

Fonte: adaptado de Fang (1993).

A difusão que controla o processo de dispersão em líquidos impulsionados dentro de tubos pode ser classificada em difusão axial (também chamada longitudinal) e difusão radial. A primeira responde pelo perfil parabólico do gradiente de concentração e predomina na solução que é transportada por tubos retos. A segunda, por outro lado, predomina em regiões curvas e torna-se responsável pelo aumento da mistura da solução concentrada com o carreador ou com algum reagente. Os perfis destes dois tipos são apresentados na Figura 3.2. A difusão radial é o princípio fundamental na construção das bobinas de misturas (ver secção 2.4.3). Estas são construídas enrolando várias vezes o tubo condutor em um cilindro, gerando uma grande quantidade de curvas que promovem uma mistura eficiente entre os reagentes.

Com tubos condutores de diâmetros internos entre 0,3 e 1,5 mm (que são frequentemente usados em FIA) nenhuma turbulência é produzida nas soluções conduzidas e, desta forma, a dispersão se torna controlável. Sendo assim, a mistura que é realizada por meio da convecção pode ocorrer com características tão reprodutíveis na direção axial que os perfis de distribuição ou concentrações de reagentes e analitos geram sinais analíticos na forma de picos, com alta precisão mesmo após uma série de injeções da amostra no sistema (FANG, 1993; CHRISTIAN, 1994).

Figura 3.2 – Tipos de difusão da fase concentrada:
(a) difusão axial e (b) difusão radial.

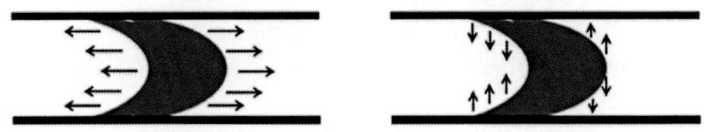

Fonte: Santelli (1999).

3.2 COEFICIENTE DE DISPERSÃO

Uma solução da amostra, contida dentro da alça de uma válvula antes de sua injeção no fluxo de um carreador, pode ser considerada homogênea e apresenta uma concentração original representada por C^0. Se ela pudesse ser bombeada até o detector sem qualquer modificação provocada pela dispersão, seu sinal seria registrado como um pulso quadrado cuja altura seria diretamente proporcional à concentração da amostra (Figura 3.3). Quando a zona da amostra é injetada, ela segue na direção do fluxo carreador formando uma zona de dispersão cuja forma depende da geometria do canal e da velocidade do fluxo. Por isso, o sinal registrado tem a forma de um pico transiente, refletindo um gradiente contínuo de concentração dentro do qual nenhuma substância, ou outro componente do fluido, tem a mesma concentração de sua vizinhança.

Figura 3.3 – (a) Registro de um sinal retangular correspondente a uma solução da amostra homogênea que seria obtido se não houvesse o fenômeno da dispersão e (b) Registro de um sinal transiente correspondente a uma amostra originalmente homogênea dispersa na solução carreadora durante seu movimento dentro de um tubo condutor.

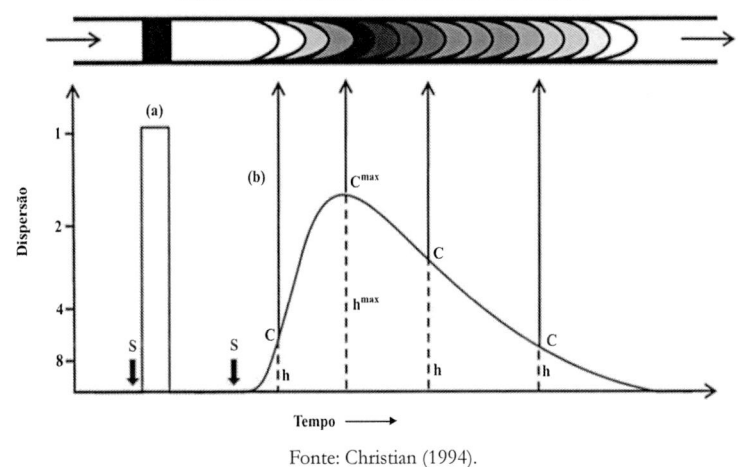

Fonte: Christian (1994).

Para se projetar um sistema FIA racionalmente, torna-se importante conhecer como a amostra da solução original é diluída no percurso para o detector e quanto tempo será gasto entre a injeção da amostra e sua leitura. Por essa razão, é necessário definir um parâmetro chamado coeficiente de dispersão (simbolizado por D). O coeficiente D tem sido definido como a razão das concentrações das amostras antes (C^0) e após o processo de dispersão ocorrer (C):

$$D = \frac{C^0}{C}$$

Se a leitura do sinal analítico baseia-se na altura máxima que o pico registrado pode atingir, a concentração que corresponde a este é chamada de concentração máxima (C^{max}) e a dispersão encontrada a partir dela é chamada de dispersão máxima (D^{max}). Desta forma, quando se considera $C = C^{max}$, ter-se-á:

$$D_{max} = \frac{C^0}{C^{max}} \quad (0 < D < \infty)$$

Neste contexto, deve-se enfatizar que um pico obtido para um sistema FIA é o resultado de dois processos cinéticos que ocorrem simultaneamente: (1) o processo físico de geração de zonas de dispersão e (2) o processo químico resultante da reação entre amostra e reagentes que comanda a velocidade de geração do produto que será medido pelo detector. É importante observar que a definição de coeficiente de dispersão considera apenas o processo físico, e não leva em conta as reações químicas e suas características na descrição, desde que D se refere apenas as concentrações da espécie química monitorada pelo detector.

Experimentalmente D, para um determinado sistema FIA, é acessado pela estimativa das concentrações de amostras e reagentes. A abordagem mais simples consiste em injetar um volume bem definido de uma solução de corante em um carreador incolor e monitorar a absorbância da zona continuamente dispersa desta substância usando um espectrofotômetro. Para obter C^{max}, a altura (ou a absorbância) do pico registrado, é medido e então comparado com a distância entre a linha de base e o sinal obtido quando a célula de fluxo é completamente preenchida com corante não diluído. Considerando que a Lei de Beer é obedecida, a razão das respectivas absorbâncias permite o cálculo de D que é característico para aquele sistema FIA.

Os parâmetros que governam o coeficiente de dispersão são objetos de estudos detalhados. As melhores formas de interferir no coeficiente D são: alterar o volume injetado, a dimensão física do próprio sistema FIA (comprimentos e diâmetros internos dos tubos), o tempo de residência e a velocidade de fluxo. Fatores adicionais são a possibilidade de usar uma única linha ao invés de sistemas com várias confluências.

A própria definição de D implica que, quando D=2, a solução da amostra é diluída na proporção de 1:1 no fluxo do carreador. A magnitude de dispersão da amostra permite classificá-la como:

(a) Limitada – apresenta valores de D entre 1 e 3;
(b) Média – apresenta valores de D entre 3 e 10;
(c) Grande – apresenta valores de D maiores que 10;
(d) Reduzida – apresenta valores de D menores que 1

A dispersão desejada para o sistema FIA está relacionada com a tarefa que ele irá desempenhar. Os sistemas com D limitada são adotados quando a amostra injetada deve ser simplesmente carregada para o detector. Já os referentes à dispersão média são indicados quando a amostra deve se misturar com algum reagente carreador para formação de um produto a ser detectado. E os que apresentam dispersão grande são usados apenas quando se deseja diluir bastante a amostra para que a concentração do analito (que está em grande quantidade) fique dentro de uma faixa de concentração que possa ser medida de forma cômoda pelo detector.

Por fim, um sistema FIA que apresenta dispersão reduzida, resulta da detecção de uma maior concentração do analito detectado em relação a sua concentração na solução injetada, ou seja, houve um processo de pré-concentração em linha (extração em fase sólida, precipitação, etc.) que enriqueceu o analito na fase que foi introduzida no detector (KELLNER et al., 1998; CHRISTIAN, 1994; YEBRA-BIURRUM, 2009).

3.3 FATORES QUE AFETAM A ALTURA DE PICO

O grau de dispersão e, portanto a altura do pico registrado é influenciado por um número de fatores, incluindo o volume da amostra injetada, a geometria e o comprimento do canal e, a razão de fluxo.

3.3.1 Volume injetado da amostra

Para um sistema FIA no qual o fluxo é bombeado a uma dada razão constante em um tubo de comprimento e diâmetro definido, observa-se que, quando uma série de volumes crescentes de uma solução de corante é introduzida neste sistema a partir do mesmo ponto de injeção, obtém-se uma série de picos cujas alturas são proporcionais ao volume de corante injetado até que ocorra a situação em que eles atinjam um limite superior. A partir deste volume, o pico se alarga sem promover o aumento de sua altura (o estado estacionário foi atingido).

Neste nível, a absorbância registrada corresponde à concentração do corante não diluído (C^0 e $D=1$).

Um parâmetro interessante para trabalhar com volumes em sistema FIA é o $S_{1/2}$. Ele corresponde ao volume de amostra necessário para obter 50% do sinal máximo atingido no estado estacionário (o que corresponde a um $D=2$). Uma vez que o conceito deste último não é usado em FIA, o volume máximo de amostra que deve ser injetado no sistema não deve exceder $2S_{1/2}$ e nem estar abaixo de $S_{1/2}$ para se trabalhar em condições de dispersão limitada.

Um exemplo do efeito da variação do volume da amostra sobre a altura do pico é dado na Figura 3.5. Os picos foram obtidos por injeção de volumes diferentes da amostra (60, 110, 200, 400 e 800 μL) em um sistema de linha única. Este sistema operou com uma vazão de fluxo de 1,5 mL/min em um tubo condutor de 20 cm e com 0,5 cm de diâmetro interno. Vale ressaltar que antes do estado estacionário ser atingido, o aumento do volume injetado proporciona o aumento do sinal (e consequentemente a sensibilidade) e diminui a dispersão. Verifica-se também que as bordas de subida de todos os picos coincidem e possuem a mesma forma independente do volume injetado. Por outro lado, a sua largura aumenta com o aumento deste volume. Tem sido demonstrado que $S_{1/2}$ também é uma função da geometria e do volume do canal de fluxo (RUZICKA; HANSEN, 1988; CHRISTIAN, 1994; YEBRA-BIURRUM, 2009).

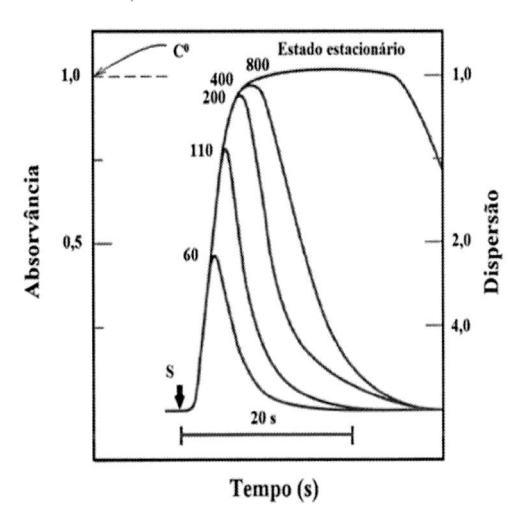

Figura 3.4 – Picos obtidos em função do volume de amostra injetado em um sistema de linha única.

Fonte: Christian (1994).

3.3.2 Comprimento do tubo

O comprimento (*L*) do tubo condutor do fluxo em que a amostra é injetada é um fator a ser considerado no controle da dispersão. Para tubos de mesmo diâmetro interno, a dispersão aumenta conforme os seus comprimentos, pois há o aumento da distância viajada pela amostra dentro desse canal. Desta forma, para se obter maiores sensibilidades em sistemas FIA, é necessário trabalhar com os menores percursos possíveis, pois a diminuição da dispersão favorece picos de maior altura. No entanto, a relação entre dispersão e comprimento do tubo não é linear. A dispersão da amostra no fluxo aumenta com a raiz quadrada do comprimento do condutor (RUZICKA; HANSEN, 1988; CHRISTIAN, 1994).

A Figura 3.5 ilustra a influência do comprimento do tubo sobre a dispersão e, consequentemente, a altura e a largura do pico quando se injeta sempre um volume 60 µL no sistema operando com condutores de largura entre 20 e 250 cm e sob uma razão de fluxo de 1,5 mL/min.

Figura 3.5 – Influência do comprimento do tubo condutor sobre as dimensões (altura e largura) do pico obtido em um sistema FIA de linha única.

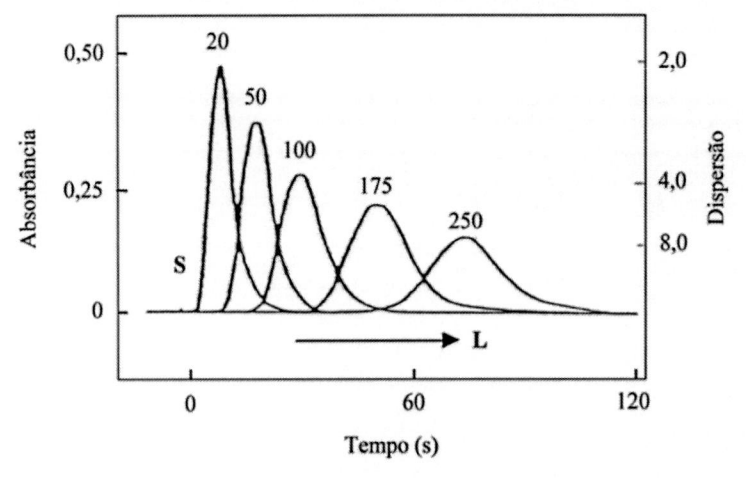

Fonte: Christian (1994).

3.3.3 Diâmetro do tubo

O diâmetro interno do tubo condutor também influencia na magnitude da dispersão em sistemas FIA. O volume da amostra dentro do tubo é dado por $\pi R^2 L_s$, onde R é o raio interno e L_s o comprimento do segmento ocupado pela solução. Podemos observar que o mesmo volume pode ocupar um comprimento quatro vezes maior quando se utiliza um tubo com a metade do diâmetro de um inicialmente utilizado (Figura 3.6). O uso de canais de menores diâmetros resultará em valores baixos de $S_{1/2}$, por razão de o mesmo volume ocupar um comprimento maior do tubo, o que acaba alargando o pico e diminuindo sua altura e, consequentemente, a sensibilidade do sistema. Por outro lado, os condutores de maiores diâmetros contribuem com o aumento da dispersão, pois a amostra será facilmente misturada com o carreador. A relação entre a magnitude do coeficiente de dispersão e o diâmetro do condutor também não é linear (CHRISTIAN, 1994). A dispersão aumenta com o quadrado do raio interno. Pode-se estabelecer a seguinte relação de proporção entre D, comprimento do tubo a ser atravessado pela amostra L, e raio interno do tubo R_i:

$$D \propto \sqrt{L}\, R^2$$

Figura 3.6 – O mesmo volume ocupa comprimentos diferentes em tubos de diferentes diâmetros internos, alterando a magnitude da dispersão. Dessa forma, a dispersão em (a) é maior que em (b).

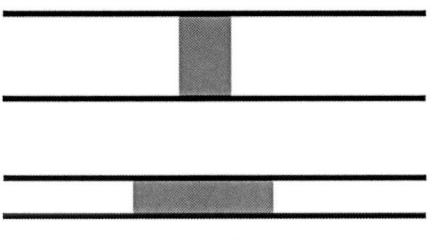

Fonte: Santelli (1999).

3.3.4 Velocidade do Fluxo

A velocidade do fluxo no qual a amostra foi injetada é mais um fator que afeta a magnitude da dispersão. O aumento da vazão amplifica os fenômenos de convecção axial e radial no interior do tubo, o que leva ao aumento da turbulência e aceleração do processo de mistura entre a amostra e a solução carreadora. Desta forma, para se ter uma menor dispersão, deve-se operar o sistema com as menores vazões possíveis(CHRISTIAN, 1994; RUZICKA; HANSEN, 1988).

3.3.5 Geometria do tubo

A geometria do condutor é fator muito importante no controle do fenômeno da dispersão. A presença de um percurso curvilíneo induz o fluxo secundário devido às forças centrífugas e, este fenômeno aumenta a mistura na direção radial. O aumento da dispersão nesta direção reduz o perfil parabólico do fluxo. O resultado deste processo são picos com boas características (mais simétricos, estreitos e altos). A Figura 3.7 apresenta as geometrias mais comuns encontradas para tubos usados em sistemas

FIA. O aumento da contribuição dos tipos de tubos na difusão radial segue a seguinte ordem: tubo reto < tubo enrolado < tubo enovelado < tubo empacotado (CHRISTIAN, 1994; RUZICKA; HANSEN, 1988; SANTELLI, 1999).

Figura 3.7 – Geometria de alguns tubos usados em sistemas de análise por injeção em fluxo: (a) tubo reto; (b) tubo enrolado; (c) tubo enovelado e (d) tubo empacotado com partículas esféficas.

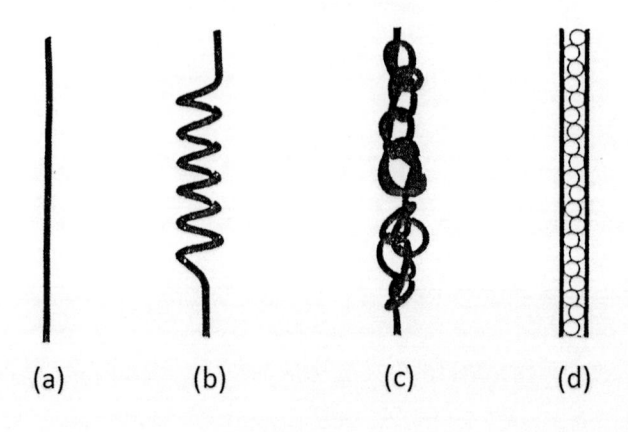

Fonte: Santelli (1999).

CAPÍTULO 4

AUTOMAÇÃO DE SISTEMAS DE ANÁLISE POR INJEÇÃO EM FLUXO

4.1 INTRODUÇÃO

O termo "automação" pode ser atribuído a equipamentos que realizam operações programadas eliminando (ou quase) a necessidade de intervenção humana. Este termo engloba dois conceitos básicos, que podem ser utilizados para classificar estes equipamentos como automáticos e automatizados.

Os equipamentos automáticos realizam operações programadas específicas (frequentemente a etapa de medida) sem a intervenção do operador. No entanto, por não possuírem um sistema que permita tomar decisões e controlar os seus dispositivos (sistema de retroalimentação), o seu funcionamento não é alterado em função do sinal analítico obtido. Como exemplo, podemos citar o funcionamento de um titulador automático. Ele tem a capacidade de adicionar continuamente um titulante até o ponto final ser atingido e detectado a partir da mudança de alguma propriedade da solução.

Os equipamentos automatizados, por outro lado, controlam um processo por meio de tomadas de decisões em vários pontos em função dos resultados obtidos ao longo do mesmo. Eles fazem isto por meio do uso de sensores que medem constantemente algumas propriedades do sistema, fornecendo informações que são utilizadas para regular o processo por meio de dispositivos adequados (ex: sistema de aquecimento, de introdução de reagentes, de controle de vazão etc.). Voltando ao exemplo do titulador, ele poderá fazer parte de um sistema automatizado utilizado para manter o pH de um meio reacional que consome prótons constante por adição de soluções de ácido a partir de informações geradas por um eletrodo de pH (CHRISTIAN, 1994).

Atualmente a automação de métodos analíticos (principalmente métodos de análise em fluxo) não implica necessariamente em grandes investimentos financeiros com equipamentos e desenvolvimento de programas de computador complexos. Grande parte dos equipamentos (bombas peristálticas, válvulas de injeção, válvulas multiporta, espectrofotômetros, potenciômetros, dentre outros) necessários para automação já saem de fábrica com recursos para comunicação e, portanto, em condições de serem controlados por um computador por meio das portas disponíveis para este propósito.

As técnicas de análise em fluxo são capazes de atingir alto grau de automação e, desta forma, diminuir a participação humana nas etapas da sequência analítica, proporcionando comodidade aos operadores e diminuindo as possibilidades de erros cometidos pelo analista.

4.2 AUTOMAÇÃO DE ETAPAS DA ANÁLISE QUÍMICA EM FLUXO

Os sistemas de fluxo para realização de análises químicas possuem grandes potencialidades para automação. A facilidade em controlar o tempo do procedimento de comutação de fluxo para introdução de amostras e reagentes a partir de dispositivos eletrônicos e a construção e acoplamento de detectores controlados por microcomputador vem permitido que estes sistemas assumam características automáticas e possam ser operados com a mínima participação do analista (PASQUINI; FARIA, 1991).

Algumas etapas dos sistemas de análise por fluxo são frequentemente apontadas pelos pesquisadores da área como propícios para a automação:
(1) A substituição automática da amostra. Este procedimento é normalmente realizado com o auxílio de um amostrador automático;
(2) Introdução da amostra no sistema e comutação de fluxos. Este procedimento pode ser realizado por válvulas solenóides, sistemas mecânicos controlados eletronicamente, etc;
(3) Controle da vazão e do sentido do fluxo por dispositivos de propulsão como as bombas peristálticas programáveis ou das microbombas solenóides;
(4) Controle do detector;
(5) Aquisição, armazenamento e tratamento de dados

A Figura 4.1 apresenta um sistema de análise em fluxo para pré-concentração de metais por adsorção em um eletrodo e determinação por voltametria de redissolução. Este sistema apresenta automação em todas as etapas acima descritas. Ele consiste de:

a) um auto amostrador com espaços para os recipientes de padrões, amostras e solução de limpeza;

b) um sistema de propulsão programável (uma bomba peristáltica) que pode ser parado por intervalos de tempo variáveis em determinadas etapas do processo de pré-concentração permitindo também uma redissolução estática e, consequentemente, sendo mais sensível ao analito;

c) uma válvula solenóide para injeção de volumes fixos das soluções em intervalos de tempo adequadamente programados;

d) um potenciotasto, que em voltametria de redissolução possui a função dupla de aplicar um potencial constante para deposição do analito no eletrodo e promover uma varredura de potencial para sua redissolução e conseqüente determinação;

e) um sistema de eletrodos (de trabalho, de referência e auxiliar) para a detecção do analito;

f) e por fim um computador para controle dos dispositivos que compõem o sistema por meio de programas que também permitam o armazenamento e o tratamento de dados (CASTRO; GARCIA, 2003).

Figura 4.1 – Diagrama de um sistema de análise em fluxo automatizado para determinação de metais. AC, auto-amostrador do tipo carrocel; P, bomba peristáltica; C, solução carreadora; VI, válvula de injeção solenóide, B, bobina, D, detector eletroquímico e W, descarte.

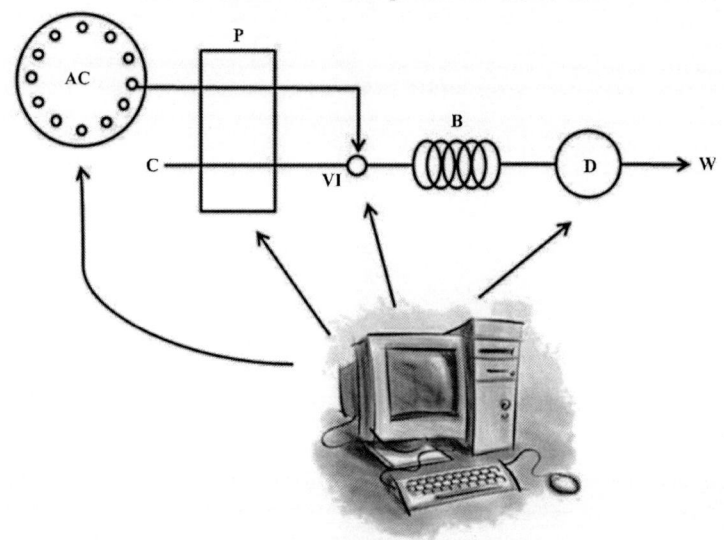

Fonte: Adaptado de Castro e Garcia (2003).

4.3 AMOSTRADORES AUTOMÁTICOS

Auto amostradores têm ganhado larga aceitação na automação de procedimentos analíticos por vários motivos. O principal é a redução da necessidade de esforços e de atenção do analista. Este dispositivo elimina o trabalho de trocar manualmente cada amostra que está sendo analisada, diminuindo, desta forma, a ocorrência de erros humanos causados pelo cansaço ou pela falta de atenção, principalmente quando o número de amostras é muito grande. Outras vantagens de usar amostradores automáticos são o aumento da frequência de análise e o alto grau de repetibilidade na introdução das amostras no sistema analítico. Esta última característica pode ser responsável pela obtenção de resultados mais precisos do que aqueles obtidos por amostragem manual.

Duas configurações principais (mas não as únicas) de auto amostradores são comumente usadas (Figura 4.2). Uma delas, o trocador de amostras (ou amostrador XYZ), baseia-se no deslocamento do tubo de aspiração ao longo dos locais reservados aos recipientes das amostras em uma bandeja por conta de movimentos horizontais de braços mecânicos e do movimento vertical do tubo de aspiração. Outra configuração baseia-se no giro de um carrossel, que contém os recipientes com as soluções a serem analisadas. Nesta última configuração, o braço que suporta o tubo de aspiração não se movimenta horizontalmente: é fixo e espera o recipiente parar sob ele para que possa ser introduzido na amostra e realizar a sua aspiração (HURST, 1995; KAMOGAWA; TEIXEIRA, 2009).

Figura 4.2 – Duas configurações de amostradores automáticos: (a) trocador de amostras e (b) carrossel.

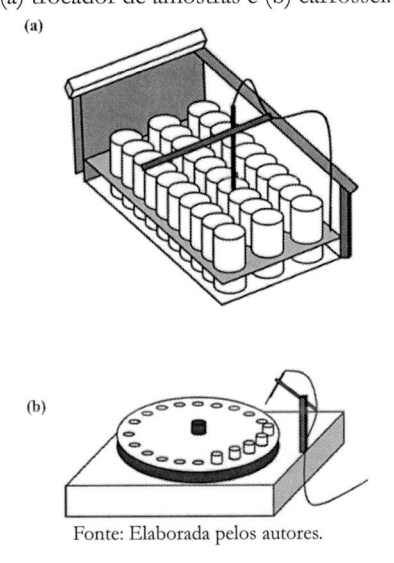

Fonte: Elaborada pelos autores.

4.4 VÁLVULAS SOLENOIDES

Os solenóides são dispositivos eletromecânicos baseados no deslocamento de uma peça de material com características ferromagnéticas, causado pela ação de um campo magnético gerado por uma bobina. Estes recursos são muito utilizados na construção de outros dispositivos, como é o caso das bombas e válvulas para propulsão e controle de fluidos.

As válvulas solenóides são comutadores acionados por energia elétrica, que, quando estão ligadas, deixam passar o fluido em uma direção e quando desligadas conduz este fluído por outro percurso.

Essas válvulas se classificam em dois tipos: com duas e três vias, em que o fluxo é comutado na posição aberta (ON) ou fechada (OFF). Com duas vias, o fluido atravessa a válvula e segue adiante pelo condutor; com três vias, duas das três portas estão conectadas e quando é aplicada uma diferença de potencial à válvula, verifica-se uma mudança entre as conectividades das portas.

A válvula solenóide é formada por duas partes principais, que são o corpo e a bobina. Esta última é constituída por um fio enrolado por intermédio de um cilindro. Quando uma corrente elétrica passa por este fio, ela gera um campo magnético no seu centro, fazendo com que o êmbolo da válvula seja acionado, criando assim um sistema de abertura e fechamento dos canais presentes no seu corpo. A estratégia para fechamento e abertura dos canais fluídicos depende do fabricante, mas o princípio de acionamento elétrico é basicamente o mesmo. O núcleo ferromagnético comprime uma mola que é a responsável por deslocar o núcleo para sua posição original quando a corrente elétrica é interrompida.

Existem diversos modelos de válvulas solenóides, compreendendo uma grande faixa de dimensões e capacidades para controle, desde pequenas vazões em equipamentos médicos e científicos até grandes plantas industriais. Em particular, as válvulas para baixas vazões (da ordem de mililitros por minutos) e baixas pressões têm sido amplamente aplicadas na montagem de sistemas analíticos automáticos baseados em fluxo contínuo. Elas são de pequenas dimensões e requerem baixa tensão e corrente de acionamento (ROCHA et al., 2002; CEDAR, 2006).

A Figura 4.3 apresenta os percursos realizados quando a válvula é acionada ou desligada.

Figura 4.3 – Esquema de uma válvula solenóide de três vias: (a) percurso realizado pelo fluxo com a válvula ligada; (b) percurso realizado pelo fluxo com a válvula desligada.

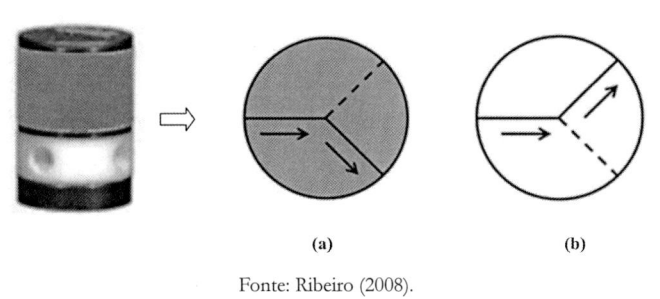

(a) (b)

Fonte: Ribeiro (2008).

4.5 SISTEMAS DE PROPULSÃO

4.5.1 Bombas peristálticas programáveis

A automação do sistema de propulsão dos líquidos pode melhorar as características de um sistema de análise química em fluxo. As mudanças no funcionamento normal da bomba peristáltica podem ser descritas tanto como mudanças na velocidade de fluxo como alternação de seu sentido, ou até mesmo a sua parada.

A programação de mudanças na velocidade de fluxo durante a análise pode melhorar o desempenho de procedimentos com base na dispersão, como a diluição e a mistura de reagentes. Quando é pretendido diminuir a dispersão em alguma etapa do sistema, a diminuição da razão de fluxo pode ser recomendada. A inserção de uma etapa ao procedimento de análise onde o fluxo é parado pode contribuir para promover a ocorrência de reações de cinética lenta e aumentar a sensibilidade do método em fluxo.

Outra operação possível é a mudança do sentido do fluxo. A sua constante inversão aumenta a dispersão e este procedimento pode ser utilizado para diluir a amostra fazendo-a cair dentro da faixa dinâmica do detector. Outra aplicação da mudança no sentido do fluxo é a possibilidade de realizar multi detecção sequencial de analitos usando detectores simples e unicanais (CASTRO; GARCIA, 2003).

4.5.2 Microbombas solenoides

A microbomba solenoide (Figura 4.4) é um elemento de propulsão composto por uma câmara interna, diafragma e um êmbolo. Este último componente está envolvido por um solenóide que é responsável por seu movimento juntamente com uma mola localizada em sua extremidade. O diafragma comprime a câmara interna preenchida pelo líquido a ser propelido quando o solenóide está desligado. Isto acontece pela ação da mola que empurra o êmbolo contra ele. Quando o solenóide é ativado, depois da aplicação de uma determinada voltagem, o diafragma deixa de ser comprimido e a câmara retorna à sua forma e volume original sendo preenchida pelo líquido. Quando a voltagem é retirada, a mola força-o novamente para a posição de compressão provocando a impulsão do líquido que estava na câmara para o sistema.

As partes metálicas de uma microbombasolenóide não entram em contato com a solução, o que garante um percurso inerte para a dispensa de fluidos corrosivos e com volumes dispensados com desvios inferiores a 1%. São normalmente estruturas compactas, robustas, precisas e sua atuação pode gerar cerca de 5psi de pressão(AMORIM, 2010).

Figura 4.4 – Representação de uma microbombasolenóide.
A seta indica o sentido do fluxo.

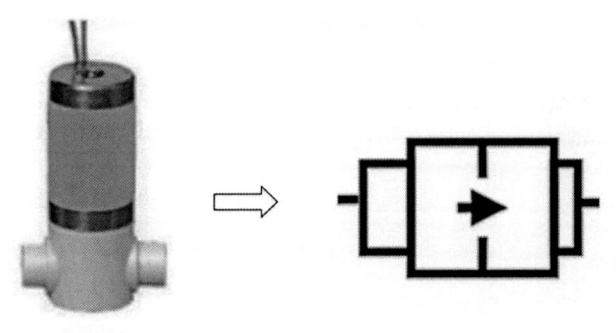

Fonte: Ribeiro (2008).

4.5.3 Microbombas piezoelétricas

De forma semelhante às microbombas solenóides, as microbombas piezoelétricas também possuem seu mecanismo de propulsão com base no deslocamento de um diafragama, porém, o seu deslocamento se dá por ativação de um cristal piezoelétrico. Com a aplicação de uma voltagem neste dispositivo, o cristal sofre uma deformação que provoca o deslocamento do diafragma e a aspiração do líquido para uma câmara interna. Quando a voltagem é retirada, ele retoma a sua forma e devolve a câmara para seu volume inicial, pois ao provocar a propulsão do líquido para fora da câmara gera-se um pulso (Figura 4.5) (RIBEIRO, 2008).

As microbombaspiezoelétricas apresentam alto grau de precisão dos volumes dispensados, elevada resistência química, elevado tempo de vida e baixo custo.

Figura 4.5 – Funcionamento de uma microbombapiezoelétrica: (a) enchimento da câmara interna com o líquido a ser impulsionado e (b) expulsão do líquido.

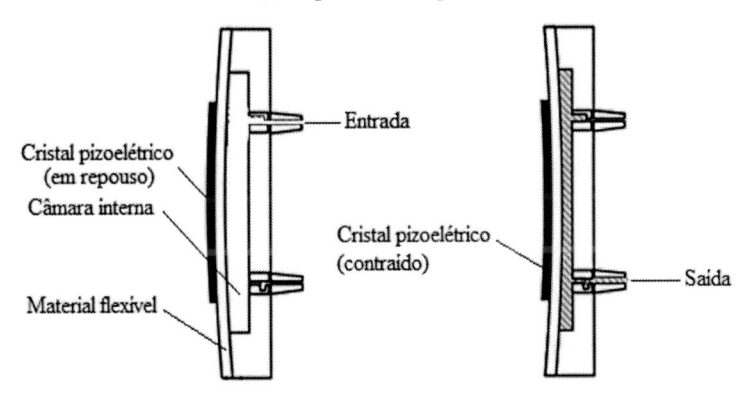

Fonte: Ribeiro (2008).

4.6 CONTROLE DO DETECTOR

O detector usado em sistemas de análise por injeção em fluxo pode ser desde um dispositivo simples até um equipamento complexo (como diversos espectrômetros ou sistemas de detecção eletroquímica) que são a eles acoplados como o objetivo de permitir a quantificação da substância sob estudo.

Um espectrofotômetro de absorção no UV-vis ou espectrômetros de absorção atômica com chama, tendo apenas dois exemplos, são equipamentos muito utilizados como sistema de detecção em análises por injeção em fluxo. Os equipamentos mais modernos possuem a parte óptica (monocromadores, fendas, espelhos) e outras controladas por programas que oferecem ao operador certa comodidade nas análises realizadas.

O controle do detector utilizado um programa de computador oferece várias possibilidades em sistemas FIA, como: (1) diminuição da intervenção humana eliminando a ocorrência de erros; (2) rapidez e precisão na alteração das configurações do detector e (3) escolha automática das melhores condições para determinação mais sensível quando vários analitos estão envolvidos (CASTRO; GARCIA, 2003).

4.7 SISTEMAS PARA AQUISIÇÃO, ARMAZENAMENTO E TRATAMENTO DE DADOS

Os equipamentos modernos usados no processo de detecção freqüentemente possuem programas para aquisição, armazenamento e tratamento de dados. Sistemas também podem ser desenvolvidos a parte, como aquele apresentado na Figura 4.1, que além de controlar todo o processo analítico em linha, ainda transforma os sinais obtidos em dados e fazem o seu tratamento matemático e estatístico (BISSETT, 2003).

4.8 MULTICOMUTAÇÃO EM SISTEMAS DE ANÁLISE EM FLUXO

Comutar significa trocar, mudar o estado de um sistema. O termo multicomutação é aplicado aos sistemas de análise por fluxo no qual sua configuração é redefinida por dispositivos discretos (comutadores) controlados por computador.

Um sistema em fluxo pode ser pensado como um compartimento com um número determinado de entradas (amostras, reagentes, comandos dados a partir de um software) e de saídas (resultados, soluções recicladas, descartes). Em um sistema multicomutado, todos estes parâmetros que influenciam no processamento da amostra podem ser monitorados e controlados em tempo real, permitindo a sua precisão operacional e gerando melhores resultados analíticos. Este sistema pode então ser considerado como uma rede analítica envolvendo a atuação de n dispositivos (ou n operações com um único dispositivo) sobre uma única amostra permitindo o estabelecimento de 2n estados (ZAGATTO et al, 1999; ROCHA et al., 2002).

O mecanismo de comutação mais simples envolve apenas operações de inserção e redirecionamento de fluxos. Isto pode ser feito por meio de válvulas solenóides de três vias, formando uma rede de caminhos opcionais selecionados pelo estado destas válvulas.

Sistemas comutados podem permitir diferentes procedimentos de processamento e manipulação da amostra, como o controle de diluições, determinações sequenciais, aumento do tempo de residência, pré-concentração, separação, entre outros (ICARDO; MATEO; CALATAYUD, 2002).

Algumas aplicações de sistemas em fluxo multicomutado são comentadas a seguir:

Santos et al. (2010)desenvolveram um sistema automático de pré-concentração (Figura 4.4) que baseia-se na extração em fase sólida do manganês em uma minicoluna recheada com a resina poiestireno-divinil-benzeno Amberlite XAD-4 funcionalizada com 2-aminotiofenol, eluição do metal com uma solução de ácido clorídrico e leitura no FAAS. Todas as etapas do processo de pré-concentração são controladas por um programa de computador que comutam quatro válvulas selenóides definindo o percurso dos fluxos da amostra e do eluente no sistema.

Desta forma, na etapa A representada na figura 4.6a, enquanto uma solução tamponada contendo o analito é impulsionada por meio de uma bomba peristáltica através da coluna recheada com a resina polimérica onde o analito é retido antes da solução ir para o recipiente de descarte, outra linha, contendo uma solução de HCl 0,5 mol L^{-1} (eluente) é dirigida para um espectrômetro de absorção atômica com chama (FAAS). Após o tempo de 1 mim, as válvulas são comutadas e novos percursos são definidos (Figura 4.6b). A solução da amostra agora passa diretamente para o recipiente de descarte enquanto a solução de HCl atravessa a coluna, re-extrai o analito retido (e pré-concentrado) conduzindo-o diretamente para o FAAS onde é feita a sua determinação.

Figura 4.6 – Diagrama esquemático de um sistema de pré-concentração em fluxo para determinação de manganês por FAAS. S, amostra; E, eluente; P, bomba peristáltica; C, minicoluna rechead com a resina AT-XAD-4; V1, V2, V3 e V4, válvulas solenóides; FAAS, espectrômetro de absorção atômica com chama; W, descarte. (a) Sistema na etapa de pré-concentração com as válvulas solenóides ligadas e (b) sistema na etapa de eluição e leitura com as válvulas solenóides desligadas. As linhas tracejadas representam soluções paradas e as linhas cheias representam fluxos de solução na direção apontada pelas setas.

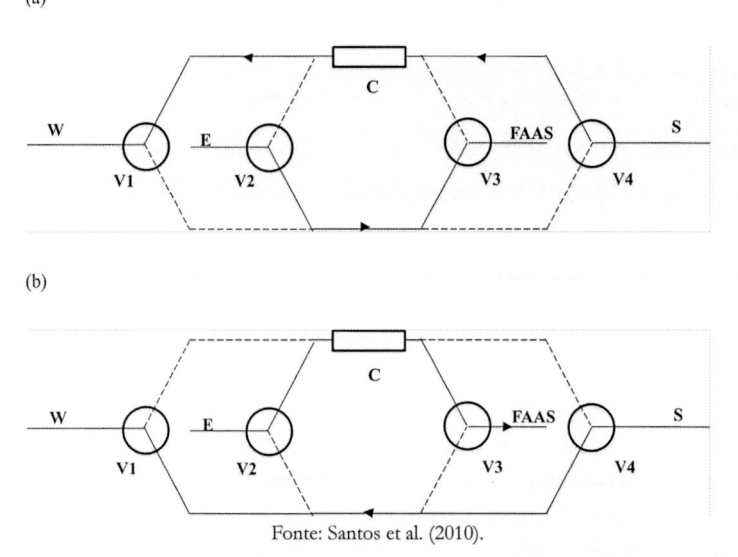

Fonte: Santos et al. (2010).

Souza et al. (2007) desenvolveram um sistema de pré-concentração automático usando a precipitação em reator enovelado para determinação de chumbo por FAAS. Quatro válvulas solenóides foram usadas na construção do sistema cuja configuração é apresentada na Figura 4.7. Na etapa de pré-concentração (Figura 4.7a) as válvulas V1 e V2 estão ligadas de modo a permitir que as soluções da amostra e do reagente fluam e entrem em contato antes de atingir o reator enovelado para a promoção da pré-concentração. Enquanto isso, as outras duas válvulas estão desligadas. Nesta condição V3 direciona o fluxo do eluente para o FAAS enquanto V4 direciona o fluxo que sai do reator enovelado (após o precipitado ser retido) para o descarte. Na etapa de leitura, a configuração do sistema se inverte, as válvulas que estavam ligadas são desligadas e vice-versa. As válvulas V1 e V2 direcionam o fluxo da amostra e do reagente para o descarte. A válvula V3 redireciona o fluxo do reagente que irá redissolver o precipitado para o reator enovelado e a válvula V4 conduz este fluxo agora para o FAAS para a detecção do chumbo.

Figura 4.7 – Diagrama de um sistema de pré-concentração em fluxo usando reator enovelado (KR) com multicomutação realizada por válvulas solenóides para determinação de chumbo. S:amostra, C: reagente complexante e E: eluente.

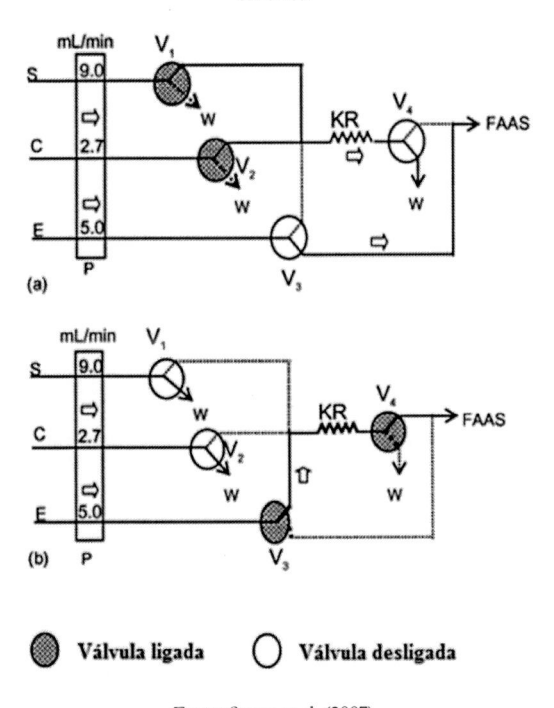

Fonte: Souza et al. (2007).

4.9 MULTI-IMPULSÃO EM SISTEMAS DE ANÁLISE EM FLUXO

A técnica de análise em fluxo por multi impulsão baseia-se na gestão de fluidos por meio da utilização de micro-bombas solenóides ou piezoelétricas. As microbombas podem ser ativadas individualmente ou de forma combinada, promovendo, além da propulsão, a inserção, a mistura e a comutação de soluções assegurando o controle preciso do volume da amostra introduzido no sistema, assim como um transporte reprodutível até o detector.

As microbombas se constituem nos únicos elementos ativos de um sistema que opera com o conceito de multi impulsão. Elas são responsáveis pela geração de fluxo pulsado resultante do movimento caótico das moléculas do fluido garantindo uma mistura mais rápida e eficiente na direção radial. A consequência do fluxo pulsado é a obtenção de um perfil de sinal analítico em escada (Figura 4.8). A amplitude das variações que conferem o perfil em escada depende do volume de pulso fixo de cada microbomba (as microbombas atualmente disponíveis no mercado trabalham com volumes de 8, 20, 25 e 50 microlitros), da freqüência do pulso, da dimensão do reator e do volume interno da célula de fluxo(FRANCIS et al., 2002; DIAS et al., 2007; LIMA et al., 2004).

Figura 4.8 – Perfil de sinal analítico: (a) sem pulsação; (b) perfil em escada de uma bomba de 8 microlitros e (c) perfil em escada de uma bomba de 25 microlitros.

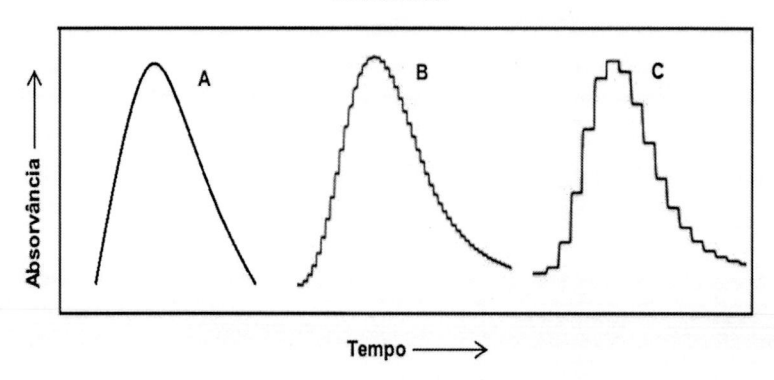

Fonte: Adaptado de Lima et al. (2004) e Ribeiro (2008).

A multi impulsão permite um controle mais eficaz da dispersão. Ao permitir uma mistura mais rápida e eficiente de amostras e reagentes, assim como uma manipulação mais versátil em relação ao verificado num sistema de fluxo laminar, garante-se uma dispersão axial reduzida o que implica na melhora do sinal analítico utilizando montagens simples.

As microbombas não são apenas utilizadas como elementos de propulsão e inserção de soluções. Elas também podem desempenhar o papel de comutadores. Como já foi mencionado, estes dispositivos podem ser ativados de acordo com uma programação que permitirá a geração de fluxo em algumas linhas e a estagnação de outras em uma etapa do método analítico e alteração da configuração dos fluxos na etapa seguinte.

Lapa et al. (2002) publicaram o primeiro trabalho propondo o uso de multi-impulsão no desenvolvimento de um sistema analítico por fluxo. O sistema realiza a determinação de Cr (VI) em águas por reação com 1,5-difenilcarbazina (Figura 4.9) e eles tiveram que otimizar vários parâmetros relacionados com o fluxo da amostra e do reagente.

Figura 4.9 – Representação esquemática do sistema para determinação de Cr(VI) com base na multi-impulsão. P1 e P2, microbombassolenóides; S, amostra; R, reagente, B, bobina de reação, D, detector e W, descarte.

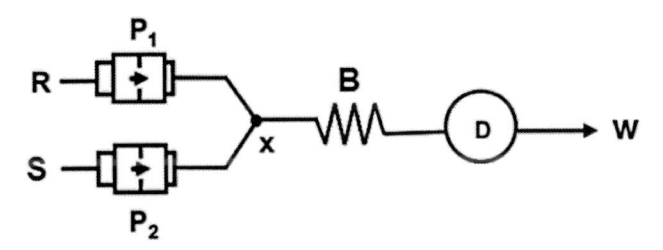

Fonte: Lapa et al. (2002).

Carneiro et al. (2005) propuseram um sistema espectrofotométrico para determinação de frutose e glicose em xaropes usando nove micro bombas solenóides para superar as dificuldades relacionada a esta amostra de considerável viscosidade (Figura 4.10). O xarope é transportado paro o laboratório em cápsulas de gelatina e inserido em uma câmara de dissolução e segue pela linha principal do sistema propelido pela microbomba 7. Ao longo do caminho para o detector, o excesso da amostra é descartado, a amostra vai recebendo os reagentes ou o fluido carreador por intermédio de fluxos produzidos por microbombas individuais.

Figura 4.10 – Representação de um sistema para determinação de açúcares com base no conceito da multi-impulsão.

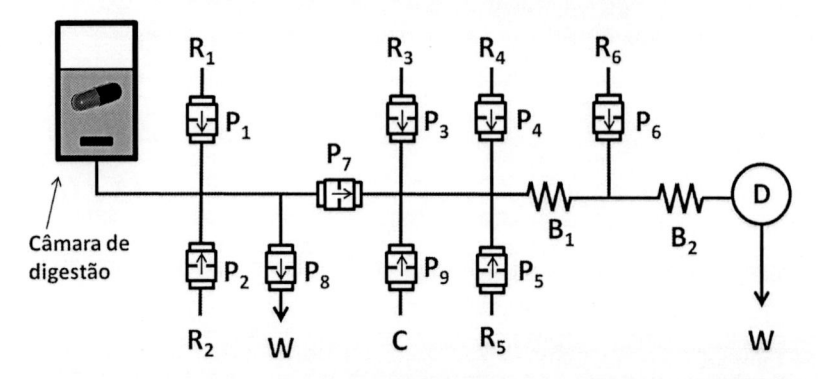

Fonte: Carneiro (2005).

Weeks e Johnson (1996) em um trabalho sobre determinação de nitrito em águas de mar defenderam a substituição das bombas peristálticas pelas microbombassolenóides em sistemas de análise em fluxo com base nas vantagens em relação à redução de tamanho, menor consumo de energia, menor necessidade de manutenção por longos períodos e a possibilidade de controle por microprocessador. No entanto, consideraram a natureza pulsada desses dispositivos como um inconveniente em detrimento ao fluxo mais contínuo e suave (menos pulsado) fornecido pelas bombas peristálticas. Com o advento da multi-impulsão, os pulsos gerados começaram a configurar-se como uma vantagem por alguns autores, pois eles podem ser altamente controlados e reprodutíveis.

CAPÍTULO 5

PRÉ-TRATAMENTO DE AMOSTRAS EM LINHA

5.1 INTRODUÇÃO

Entre as vantagens dos sistemas para análise química por fluxo contínuo, pode-se destacar a possibilidade de realizar vários procedimentos de pré-tratamento da amostra em linha, permitindo que o sistema tenha um bom desempenho. Várias técnicas de pré-tratamento podem ser acopladas a estes sistemas como a diluição, a filtração, a separação de espécies químicas, a pré-concentração, as reações de derivatização do analito, a decomposição e a digestão em linha, etc. Os procedimentos de separação e pré-concentração são as formas de pré-tratamento das amostras mais utilizadas para aumentar a sensibilidade e a seletividade destes sistemas na quantificação do analito. As técnicas de separação e pré-concentração podem ser classificadas de acordo com o tipo de interface através da qual a transferência de massa do analito ocorre. As principais técnicas que podem ser acopladas em linha são:

(a) Extração líquido-líquido;
(b) Extração no ponto nuvem;
(c) Precipitação e co-precipitação;
(d) Extração em fase sólida;
(e) Geração de hidretos e de vapor frio

Nos próximos capítulos, estes sistemas de separação e pré-concentração em linha serão abordados separadamente.

5.2 CARACTERÍSTICAS DOS MÉTODOS PARA SEPARAÇÃO E PRÉ-CONCENTRAÇÃO EM LINHA.

Os sistemas de pré-concentração em linha apresentam várias vantagens em relação ao seu correspondente procedimento em batelada. Entre estas vantagens, podemos citar (FANG et al., 1988; FANG, 1993; LEMOS, 2001):

(a) Baixo tempo de operação, tipicamente de 10 a 200 segundos por determinação, incluindo separações, permitindo assim, a análise de um grande número de amostras.

(b) Altas eficiências de enriquecimento, tipicamente fatores de 5-50 vezes mais altas que os procedimentos em batelada.

(c) Baixo consumo de amostra, de 1-2 ordens de magnitude menores que os procedimentos em batelada. Esta é uma característica importante na análise de amostras como sangue ou amostras que devem ser transportadas para o laboratório de locais distantes.

(d) Baixo consumo de reagentes, em relação ao processo em batelada. Este fator é particularmente importante quando reagentes caros são usados.

(e) Alta reprodutibilidade, com desvios-padrão relativos na ordem de 1-3%.

(f) Baixo risco de contaminação devido aos sistemas de separação fechados e inertes, característica importante na análise de traços.

(g) Possibilidade de aumento na seletividade, por aplicação de discriminação cinética.

Em procedimentos de separação em linha, a transferência de massa entre as fases tende a ser incompleta, o que é inaceitável em procedimentos em batelada.

Injeção em fluxo é uma técnica para o monitoramento reprodutível de sinais analíticos sob condições termodinamicamente não-equilibradas, mas isso não prejudica a precisão ou sensibilidade de sistemas em linha adequadamente calibrados, incluindo aqueles usados para separação. Ao contrário, as condições de não-equilíbrio altamente reprodutíveis são essenciais para operações rápidas e aumento na seletividade, através de discriminação cinética. Essa característica deve ser sempre considerada na construção e otimização de sistemas de separação em linha e pode tornar-se uma importante fonte de erro na análise de amostras reais, quando condições de equilíbrio idênticas não podem ser alcançadas para amostras e padrões (FANG, 1993; LEMOS, 2001).

5.3 DESEMPENHO DE UM SISTEMA DE PRÉ-CONCENTRAÇÃO EM LINHA

À medida que os métodos de separação e pré-concentração em fluxo para análise foram desenvolvendo-se, surgiu a necessidade de expressar a eficiência destes métodos através de parâmetros. Estes parâmetros são de extrema importância na descrição e comparação dos sistemas em linha onde estejam envolvidos processos de pré-concentração.

5.3.1 Fator de enriquecimento (FE)

O fator de enriquecimento é o critério mais utilizado para avaliação dos sistemas de pré-concentração. Matematicamente o termo é a razão entre a concentração do analito na solução obtida após concentração, C_C, e a concentração da amostra original C_0:

$$FE = \frac{C_C}{C_0} \qquad \text{(Equação 5.1)}$$

Na prática, a estimativa de FE não é tão simples e direta como é mostrado acima, devido à concentração verdadeira do analito na solução concentrada, Cc ser desconhecida. No entanto, uma aproximação de FE é aceita pela sua definição como a razão dos coeficientes angulares das curvas de calibração com e sem a pré-concentração:

$$FE = \frac{a_p}{a_s}$$ (Equação 5.2)

Onde a_p é o coeficiente angular da curva analítica obtida com o procedimento de pré-concentração e a_s é o coeficiente angular da curva analítica obtida sem a pré-concentração dos padrões. É importante não esquecer de que os dois coeficientes usados no cálculo devem estar na mesma unidade.

Esta avaliação baseia-se então, no aumento da resposta do detector e não no aumento da concentração verdadeira. No entanto, os valores de FE deduzidos concordarão com o valor verdadeiro se as condições analíticas características, que incluem a resposta do detector, permanecerem as mesmas para as duas curvas analíticas (FANG, 1993).

5.3.2 Fator de aumento (N)

Em sistemas de pré-concentração em linha, às vezes os sinais do analito são aumentados por mecanismos outros, tais como efeito de solvente orgânico ou vazão de introdução no FAAS. Esses efeitos devem ser diferenciados dos fatores de enriquecimento para obter uma avaliação real do desempenho da pré-concentração (FANG; DONG; XU, 1992). Isso pode ser realizado separadamente determinando o fator de aumento sob condições operacionais similares, mas sem pré-concentração.

Quando existem fatores que aumentem a sensibilidade, os efeitos de aumento serão multiplicativos de FE. Como diferentes fatores têm mecanismos de aumento independentes, o fator de aumento total, N_t, será o produto dos fatores de aumento individuais, $N_1, N_2, ... N_n$ e o fator de enriquecimento:

$$N_t = N_1 \times N_2 \times ... \times N_n \times EF$$ (Equação 5.3)

Os valores de N nem sempre são maiores que a unidade, pois alguns fatores têm efeito negativo na sensibilidade.

5.3.3 Eficiência de concentração (EC)

Embora o fator de enriquecimento (FE) seja indispensável para a avaliação de sistemas de pré-concentração, quando unicamente usado, esse fator não proporciona adequada informação sobre a eficiência de um sistema. Altos fatores de enriquecimento não significam necessariamente, altas eficiências, pois estes altos fatores podem ser alcançados somente usando-se longos tempos de pré-concentração, consumindo-se litros de amostras.

A eficiência de concentração (EC) é definida como o produto do fator de enriquecimento e a frequência de amostras, f, em número de amostras analisadas por minuto, expressa em min^{-1} (FANG; RUZICKA; HANSEN, 1984; FANG, 1993).

$$EC = FE \times \frac{f}{60} \qquad \text{(Equação 5.4)}$$

O valor indica o fator de enriquecimento de um analito promovido pelo sistema em um minuto. O uso de EC permite a comparação das eficiências de procedimentos de pré-concentração baseados em diferentes princípios de separação.

O valor de EC de um procedimento em batelada típico é usualmente menor que 4; obviamente, esse procedimento é muito menos eficiente que os métodos em linha. No entanto, deve ser levado em conta que, em procedimentos em batelada, o equipamento para detecção opera apenas após toda a etapa de pré-concentração, enquanto que em procedimentos em linha, o equipamento opera durante todo o tempo. Isso é especialmente importante quando são utilizados equipamentos que consomem grandes quantidades de gás, como FAAS ou ICP. Dessa forma, considera-se que o valor de EC para um procedimento em linha deve ser, ao menos, duas vezes maior que o valor para o correspondente procedimento em batelada. Na prática, isso significa que um sistema em linha com um valor de EC menor que 8 não apresenta muita vantagem sobre sistemas em batelada convencionais, em termos de eficiência total (FANG, 1993; LEMOS, 2001).

5.3.4 Índice de consumo (IC)

O índice de consumo (FANG; DONG; XU, 1992; FANG, 1993; LEMOS, 2001), IC, reflete outro aspecto da eficiência de um sistema de pré-concentração: a quantidade gasta da solução da amostra. Este conceito é definido como o volume da amostra, em mililitros, consumido para achar um FE unitário, e pode ser expresso pela equação:

$$IC = \frac{V_s}{FE} \qquad \text{(Equação 5.5)}$$

No qual Vs é o volume da amostra consumida para encontrar um valor de FE.

O conhecimento deste fator é importante quando a quantidade de amostra é limitada, como na análise de fluidos corporais, ou quando um grande número de amostras deve ser coletado e levado para laboratórios distantes.

5.3.5 Fator de transferência de fase (P)

Em métodos de pré-concentração em fluxo, o analito na amostra pode não ser completamente transferido para a fase sólida, por causa de um tempo insuficiente de equilíbrio, e algumas vezes, devido à capacidade insuficiente da coluna (ou outro meio de pré-concentração). Nesta primeira categoria, a perda do analito, nem sempre prejudica a eficiência do sistema. Ela não implica em uma séria perda da precisão, desde que a sua perda seja muito reprodutível para as amostras e padrões. Contudo, sob determinadas condições, quando perdas do analito acontecem em virtude da ocorrência de fenômenos indesejáveis no meio de concentração, como efeitos da matriz e interferências das espécies competidoras, os resultados são mais prontamente afetados. A transferência do analito a partir da fase da amostra para a fase concentrada pode ser quantificada pelo fator de transferência de fase P, definido como a razão entre a massa do analito na amostra original, m_s, e aquela na solução concentrada, m_c:

$$P = \frac{m_c}{m_s}$$ (Equação 5.6)

É bom lembrar que o valor de P depende de outros fatores como, por exemplo, a vazão de amostragem. Por isto ele só deve ser determinado após todas as outras variáveis terem sido otimizadas para o sistema de pré-concentração em desenvolvimento (FANG, 1993; LEMOS, 2001). Em alguns sistemas de pré-concentração, P é chamado de eficiência de retenção (%E) (HARTENSTEIN; RUZICKA; CHRISTIAN, 1985).

A Tabela 5.1 compara dois procedimentos para determinação de cobre que utilizam colunas em linha e em batelada, respectivamente.

Tabela 5.1 – Comparação entre dois procedimentos de pré-concentração para determinação de cobre.

Procedimento	P	FE	IC (ml)
Batelada (FERREIRA et al., 2000a)	0,95	50	5,00
Linha (FERREIRA et al., 2000b)	0,86	32	0,42

Fonte: Ferreira et al. (2000a, 2000b).

Percebe-se, claramente, que o procedimento em batelada é mais eficiente com relação à retenção, mas o procedimento em linha permite utilizar um volume muito menor de amostra, o que pode ser crucial em algumas aplicações.

Comparando-se dois procedimentos em linha para pré-concentração de chumbo, observa-se que a principal diferença está na eficiência de concentração, um parâmetro de fundamental importância prática, de acordo com a Tabela 5.2.

Tabela 5.2 – Comparação entre dois procedimentos para pré-concentração de chumbo em linha.

Procedimento	P	FE	IC (ml)	EC (min^{-1})
A (FERREIRA et al., 2001)	0,70	27	0,17	11,7
B (FERREIRA; LEMOS, 2001)	0.74	26	0,27	20,8

Fonte: Ferreira et al. (2001) e Ferreira e Lemos (2001).

5.3.6 Eficiência de sensibilidade (ES)

Este parâmetro é definido como o sinal analítico obtido por um sistema de enriquecimento em linha para um tempo de pré-concentração de 1 minuto. Pode ser calculado pela equação ES = SA / t, onde SA é o sinal analítico e t é o tempo de pré-concentração. Considerando que t = Volume de amostragem (V_{amost})/Vazão de amostragem (VA), tem-se:

$$ES = \frac{SA}{t}$$ (Equação 5.7)

Na qual SA é o sinal analítico e t é o tempo de pré-concentração. Considerando-se que

$$t = \frac{V_{amost}}{VA}$$ (Equação 5.8)

tem-se:

$$ES = \frac{SA \times VA}{V_{amost}}$$ (Equação 5.9)

Em que V_{amost} é o volume de amostragem e VA é a vazão de amostragem.

Este parâmetro surgiu da necessidade de otimizar sistemas em linhas com amostragem com base no tempo. O estudo é realizado com volume fixo e posteriormente, pela aplicação da fórmula 5.7, obtêm-se o sinal gerado em relação a um tempo de pré-concentração de 1 minuto.

A eficiência de sensibilidade é um parâmetro que permite comparar a eficiência (em termos de sinal analítico) de dois sistemas analíticos diferentes ou diferentes condições experimentais de um mesmo sistema (FERREIRA et al., 2003).

5.4 MÉTODOS DE INTRODUÇÃO DE AMOSTRA EM SISTEMAS DE PRÉ-CONCENTRAÇÃO EM LINHA

Em sistemas de pré-concentração em linha, o volume de amostra a ser processado pode ser determinado fixando-se o intervalo de tempo para introdução da amostra, em um fluxo definido, ou usando um *loop* (pedaço de tubo capilar) para liberar um volume de amostra definido (Figura 5.1).

Figura 5.1 – Representação esquemática das etapas de um procedimento com introdução de amostra baseada em volume. S, amostra; E, eluente; CR, carreador; W, descarte; C, coluna; L, loop de mistura; P, bomba peristáltica, V_1 e V_2, válvulas; FAAS, espectrômetro de absorção atômica com chama.

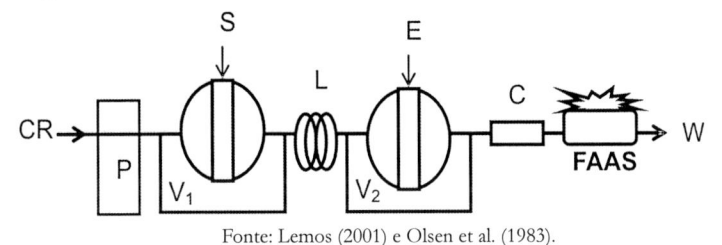

Fonte: Lemos (2001) e Olsen et al. (1983).

O sistema da figura anterior poderia ser perfeitamente adaptado para introdução de amostra baseada em tempo (Figura 5.2):

Figura 5.2 – Representação esquemática das etapas de um procedimento com introdução de amostra baseada em tempo. S, amostra; E, eluente; W, descarte; C, coluna; P, bomba peristáltica, V_1, válvula de seis portas; FAAS, espectrômetro de absorção atômica com chama.

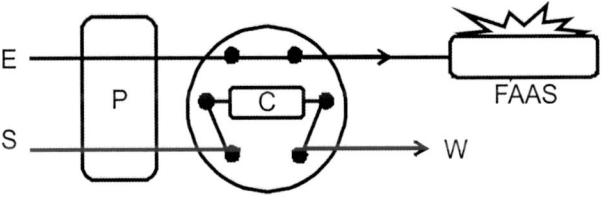

Fonte: Lemos (2001).

Embora ambos os procedimentos possam ser usados, a introdução de amostra baseada no tempo é mais operacionalmente direta, pois elimina a necessidade de um enchimento preliminar de amostra numa alça, e a frequência de liberação da amostra por um fluxo carreador. Consequentemente, é também mais eficiente que sistemas baseados em volume.

Os sistemas baseados em tempo, logicamente, são mais dependentes das estabilidades dos fluxos. Assim, bombas de alta qualidade são requeridas, particularmente, em sistemas com colunas empacotadas ou filtros, que criam grande resistência à passagem do fluido. Para garantir a estabilidade do fluxo, as amostras devem sempre ser bombeadas e nunca aspiradas, neste modo de operação.

Nesse contexto, sistemas baseados em volume são menos dependentes da estabilidade do fluxo, porque há a certeza de que a alça é completamente cheia com a amostra antes da introdução no sistema de pré-concentração (LEMOS, 2001).

5.5 OUTROS SISTEMAS DE PRÉ-TRATAMENTO DE AMOSTRAS EM LINHA

Outros sistemas para pré-tratamento de amostras foram desenvolvidos com outros propósitos que não sejam a separação e/ou a pré-concentração do analito. Exemplos podem ser citados, como os sistemas que usam reações de derivatização da substância a ser detectada ou técnicas de conversão, nas quais uma espécie que não pode ser percebida por um detector possa ser determinada através de uma espécie derivada deste ou por outra espécie que possa ser quantitativamente relacionada ao analito. Pode-se citar o caso da determinação de cianeto por espectrometria de absorção atômica com chama (FAAS). O cianeto não é uma espécie química que pode ser detectado diretamente por FAAS. A solução é construir um sistema em fluxo no qual o fluxo da amostra contendo o cianeto passe por uma coluna contendo CuS, deslocando quantidade proporcional de cobre, que é um elemento facilmente detectável por FAAS (SANZ-MENDEL, 1999).

Outro tipo de pré-tratemento é a remoção de interferentes da solução da matriz usando pré-colunas. Os interferentes ficam retidos nesta coluna e apenas o analito segue para a etapa de detecção. Stripeikis et al. (2001), por exemplo, utilizaram uma pré-coluna recheada com o trocador Dowex-1X-8 para remover os interferentes cobre e ferro na geração de hidreto.

A decomposição de amostras é uma das etapas mais trabalhosas de uma análise química e daí resulta o grande interesse por sua realização em linha. Um exemplo é o tratamento de ligas metálicas usando dissolução eletrolítica em fluxo para análise de aços. A amostra é colocada em uma célula na qual, por eletrólise, uma pequena quantidade se dissolve na solução e esta é transportada para um ICP OES para quantificação do elemento (AIMOTO; KONDO; ONO, 2007).

La Guardia et al. (1993) realizaram a digestão em linha usando um forno de micro-ondas para determinação de cobre, manganês, chumbo e zinco em águas e alimentos. Neste caso, uma suspensão da amostra é inserida no sistema da Figura 5.3 e entra em confluência com um reagente oxidante. Grande parte do percurso do fluxo é realizada em uma bobina inserida dentro de um forno de micro-ondas. A vantagem do forno de micro-ondas é o rápido aquecimento a temperaturas elevadas que, quando realizado em linha, aumenta a velocidade de digestão das amostras. O fluxo emerge do forno com a amostra digerida e segue para uma interface com banho de gelo acoplado para resfriar o digerido antes de este ser enviado para o FAAS para a quantificação dos elementos de interesse.

Figura 5.3 – Sistema de digestão em linha usando energia de micro-ondas.

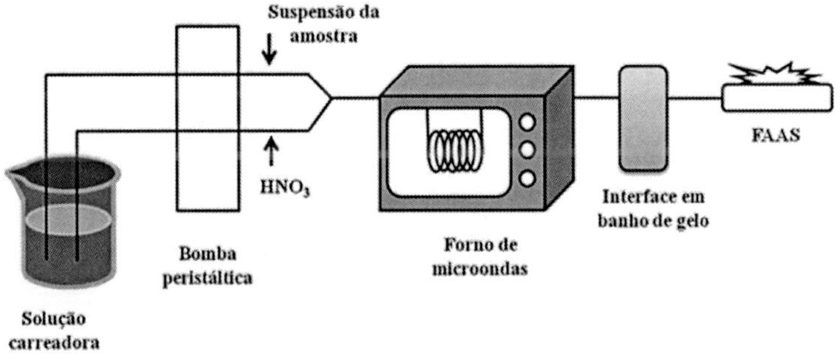

Fonte: Adaptado de La Guardia et al. (1993).

Tzanavaras e Themelis (2002a, 2002b, 2003a, 2003b) publicaram uma série de trabalhos em que realizaram a determinação de fósforo em medicamentos. O princípio desses métodos desenvolvidos baseia-se na clivagem das ligações C-P ou C-O-P e subsequente determinação do ortofosfato usando azul de molibdênio. Estas ligações podem ser clivadas em linha por digestão induzida termicamente a uma temperatura de 90°C na presença de íons persulfato. Algumas substâncias como o fosinopril requerem condições mais drásticas como as encontradas na digestão assistida por radiação ultravioleta na presença de peroxodissulfato de amônio como agente oxidante.

Um procedimento de digestão em linha foi proposto por Numan et al. (2002) para determinação de sulfametoxazol na presença de primetoprim. O método baseou-se na fotólise em linha do analito usando uma lâmpada de ultravioleta (em 254 nm) em um tempo de exposição de 4 min, permitindo assim uma detecção altamente sensível.

Outro tipo de pré-tratamento interessante é a diluição de amostras e padrões em linha. Devido ao fato do carreador não ser significativamente compressível e seu movimento ser estritamente controlado e reprodutível, cada elemento do gradiente de concentração pode ser inerentemente caracterizado por dois parâmetros: um tempo de atraso fixo (t_i) decorrido do momento da injeção (t_0) e um valor de dispersão fixo (D) que para um elemento identificado pelo tempo t_i é dado pela expressão

$$D = \frac{C^0}{D(t_i)}$$ (Equação 5.10)

Tal expressão é a base para o desenvolvimento de um grande número de técnicas com base na medida de substâncias em gradiente, entre elas, as técnicas de diluição e calibração. A técnica de diluição consiste na medida de um componente ao longo de um gradiente de concentração, visando a obtenção de um ponto que acomode a concentração da amostra na faixa dinâmica do detector. Na técnica de calibração, uma curva com vários pontos pode ser obtida a partir da injeção de uma solução concentrada no sistema que se dilui em concentrações menores, a depender do tempo de atraso escolhido (KELNER, 1998; RUZICKA; HANSEN, 1998).

Procedimentos de diluição em fluxo já foram utilizados para a dosagem de componentes em diversos tipos de amostras, tais como, zinco em saliva humana por ETAAS (BURGUERA-PASCU et al., 2007), Na, K, Mg e Ca em soluções de diálise por FAAS (GUO; BAASNER; McINTOSH, 1996), determinação multi-elementar em amostras de urina humana usando ICP-MS (WANG; HANSEN; GAMMELGAARD, 2001), vanilina em extratos de baunilha após extração por energia de ultra-som (VALDEZ-FLORES; CAÑIZARES-MACIAS, 2007) e ácido ascórbico em medicamentos, entre outras.

CAPÍTULO 6

SEPARAÇÃO E PRÉ-CONCENTRAÇÃO EM LINHA POR EXTRAÇÃO LÍQUIDO-LÍQUIDO

6.1 INTRODUÇÃO

A extração pra fins analíticos se baseia na transferência de uma substância presente em uma fase para outra. Normalmente as extrações feitas em química analítica têm como objetivo isolar ou concentrar um analito desejado, ou separá-lo das espécies que interferem em sua análise. A transferência da substância acontece devido à diferença do seu grau de afinidade entre as fases. Desta forma, a tendência de um composto apolar é interagir com uma fase apolar em vez de permanecer dissolvido em uma matriz aquosa. A distribuição de substâncias entre as fases é comandada por um fenômeno chamado partição, que pode ser quantificado através de um coeficiente de partição (K). O coeficiente de partição é definido como a constante de equilíbrio para a seguinte equação:

$$S \text{ (Fase 1)} \rightleftharpoons S \text{ (Fase 2)}$$

$$K = \frac{[S]_2}{[S]_1}$$

Onde S é a substância que está sofrendo partição entre as fases 1 e 2 e os colchetes ([ ]) representam sua concentração em mol L^{-1} nas duas fases.

A extração líquido-líquido (ELL) é uma das técnicas de separação tradicionalmente mais utilizada em química analítica para separação e pré-concentração de analitos orgânicos ou inorgânicos. É um método para separar substâncias com base em suas diferentes solubilidades e em dois líquidos distintos e imiscíveis, normalmente água e um solvente orgânico. Portanto, é um processo de separação que objetiva a extração de um analito de uma fase líquida em outra fase líquida (SKOOG et al., 2006).

No entanto, apesar de sua conhecida eficiência na remoção de interferentes de matrizes e pré-concentração de analitos traço, a mesma apresenta operações experimentais que, de certa forma, são tediosas e podem complicar a determinação de traços como a contaminação pelos utensílios usados e pelo próprio ambiente laboratorial. Outra desvantagem da extração por batelada é a volatilidade e toxicidade de vapores de solventes orgânicos usados na extração. Estas características indesejáveis podem ser eliminadas realizando-se a ELL em sistemas de fluxo contínuo. Outra vantagem da ELL em linha são os altos fatores de transferência de fase (P) encontrados. Estes altos fatores tornam possível encontrar altas sensibilidade, baixos índice de consumo da amostra e ajudam a melhorar a precisão (MIRÓ; HANSEN, 2008).

O primeiro registro da implementação da ELL em sistema em linha foi feito por Kalberg e Thelander (1978) e Bergamin et al. (1978), no final da década de 1970. Desde então, a técnica atingiu amplo interesse pelos pesquisadores e seu uso em análise química em linha aumentou rapidamente.

6.2 CONSTITUINTES DE UM SISTEMA PARA ELL EM LINHA

Independentemente da ELL ser realizada em batelada ou em fluxo, normalmente, esta técnica apresenta três sequências sucessivas (SILVESTRE et al., 2009):

(1) Colocar em contato volumes definidos da fase orgânica e da fase aquosa em um recipiente (geralmente um funil de separação); (2) Promover a transferência efetiva da substância entre as duas fases (por meio de agitação) e, (3) Separar fisicamente as duas fases (abrindo-se a torneira do funil e recolhendo-se a fase de interesse).

Na ELL em linha, estas três etapas são realizadas através do uso dos seguintes dispositivos:

(1) Segmentador de fases;
(2) Bobina de extração e
(3) Separador de fases

Além destes dispositivos, os sistemas para ELL podem apresentar vários outros elementos de um sistema em fluxo comum como injetores, sistema de propulsão do fluido, etc. Kuban et al. (1991), fez uma descrição detalhada dos vários componentes de um sistema de extração líquido-líquido em linha. A Figura 6.1 mostra a equivalência entre os procedimentos realizados em batelada para realização da extração líquido-líquido e os elementos que executam cada uma dessas funções em um sistema em linha.

Figura 6.1 – Equivalência entre as etapas realizadas em uma extração líquido-líquido em batelada e os elementos que realizam estas mesmas etapas em linha. P, bomba peristáltica; FO, fase orgânica; S, amostra; SgF, segmentador de fase, B, bobina de misturas; SpF, separador de fases, D, detector e W, descarte.

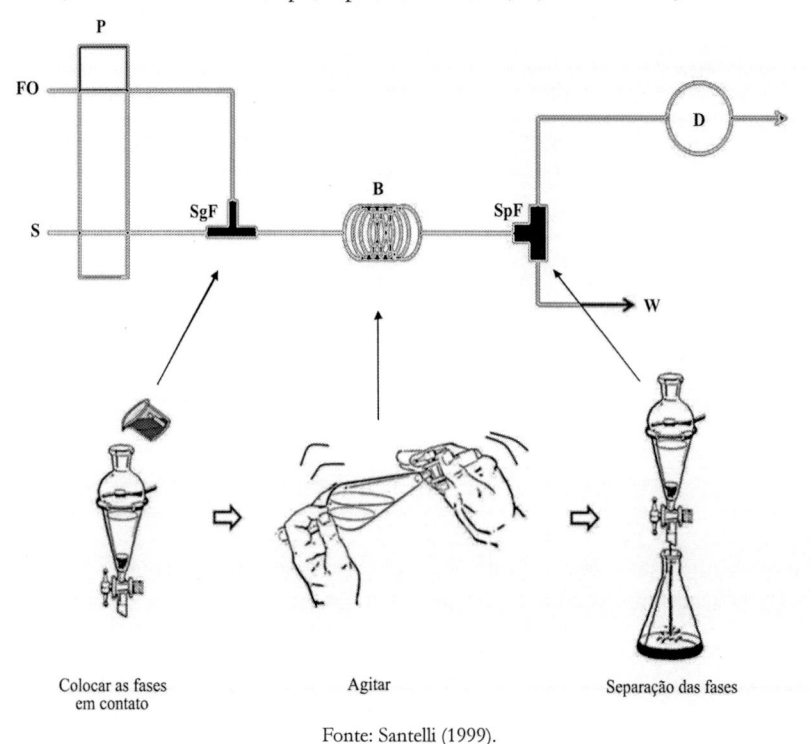

Fonte: Santelli (1999).

6.2.1 Segmentadores de fase

Um segmentador de fase é um dispositivo pelo qual uma fase orgânica imiscível e o fluxo aquoso são colocados em contato com alternação de seus segmentos regulares, em uma razão previamente definida. Este dispositivo deve contar com uma bomba própria para impulsionar a fase extratora. Existem várias configurações diferentes para segmentadores de fase. A Figura 6.2 apresenta um segmentador de fase em forma de T. Nele, um capilar de platina está inserido em um tubo de vidro formando um ângulo de 90°. A solução aquosa da amostra passa pelo tubo de vidro e, no ponto de confluência, recebe a fase orgânica que vai se intercalando no fluxo à medida que este é encaminhado para um canal de saída única (FANG, 1993).

Figura 6.2 – Diagrama esquemático de um segmentador de fase em formato T. S, solução da amostra (fase aquosa); FO, fase orgânica; FS, fase segmentada.

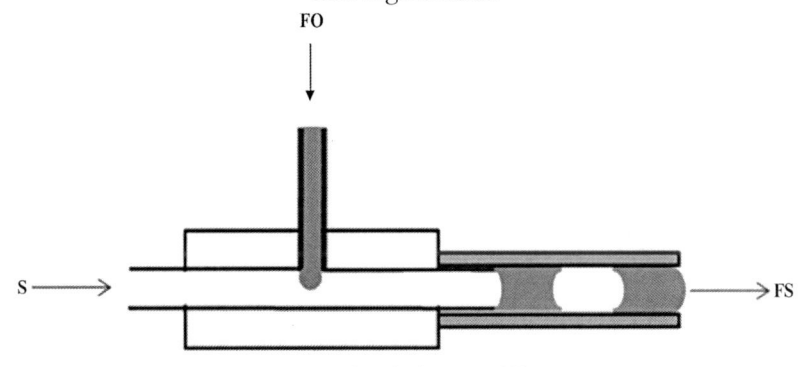

Fonte: Adaptado de Fang (1993).

6.2.2 Bobina de extração

A bobina é um dispositivo muito utilizado para promoção de misturas entre reagentes. A mistura ocorre devido à dispersão radial que surge quando o fluxo muda de direção.

Embora as fases líquidas em ELL permaneçam imiscíveis, a bobina serve como um dispositivo de agitação que aumenta o contato entre as fases e a transferência do analito entre elas. Estudos têm revelado que a eficiência da extração depende principalmente da velocidade de fluxo e do diâmetro do tubo da bobina. De forma geral, a transferência do analito entre as fases decresce com o aumento da velocidade do fluxo segmentado pela fase orgânica principalmente quando se usa bobinas curtas. Em relação ao diâmetro interno do tubo, os mais estreitos levam à melhor extração, porém, tubos de diâmetros menores que 0,5 mm, não trazem melhorias em relação a P (FANG, 1993).

6.2.3 Separadores de fase

Um separador de fases é um dispositivo que separa continuamente a corrente segmentada em duas partes distintas. A fase extratora, enriquecida com o analito, é conduzida para o equipamento de detecção e a outra fase é descartada. Considera-se este dispositivo como o componente mais importante de um sistema que realiza ELL em linha, pois dele depende o desempenho de todo o processo.

Os separadores de fase podem ser classificados de acordo com diferentes mecanismos usados para promoção da separação. Os desenhos de alguns separadores baseiam-se nas diferenças de densidade entre os solventes imiscíveis (separadores gravitacionais) ou nas diferentes afinidades entre as fases e algumas membranas (separadores de membrana).

Um separador gravitacional típico, em configuração T, é mostrado na Figura 6.3. Neste separador, o fluxo segmentado entra em contato com uma tira de teflon que direciona a fase mais densa para baixo, formando um fluxo ininterrupto. Enquanto isso, a fase menos densa passa por cima da tira e é conduzida na direção contrária do outro fluxo. Deve-se notar que este último fluxo dificilmente estará livre de resíduos da fase mais densa, devido o desenho deste separador privilegiar a obtenção de um fluxo de fase orgânica sem resquícios da fase aquosa. No entanto, a separação ineficiente da fase aquosa não se torna um problema, pois a fase aquosa deve ser descartada (FANG, 1993).

Figura 6.3 – Um separador de fase gravitacional para extração líquido-líquido em linha. FA, fase aquosa; FO, fase orgânica, W, descarte.

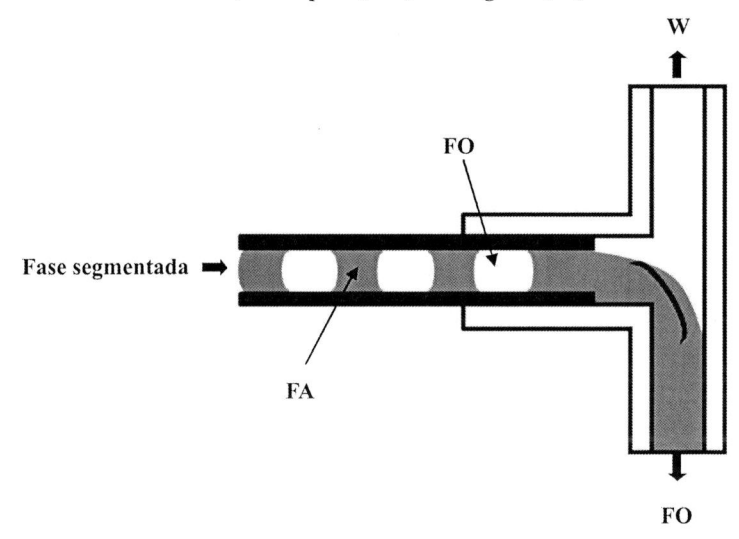

Fonte: Adaptado de Fang (1993).

A Figura 6.4 apresenta um separador com membrana do tipo sanduíche. O primeiro separador de membrana foi usado por Kawase, Nakae e Yamanaka (1979). Este separador é composto por dois blocos de plástico resistentes a solventes orgânicos, e apresenta canais com uma membrana microporosa (ex: membrana hidrofóbica de teflon) entre eles. Entre as vantagens dos separadores com membranas pode-se destacar: (1) a alta eficiência na separação das fases, podendo-se alcançar entre 90 e 100%, (2) a baixa dispersão do analito; (3) altas razões de fase, o que resulta em altos fatores de enriquecimento; (4) permitem trabalhar com velocidades de fluxo mais altas que aumentam a frequência de amostragem e a eficiência de concentração (CE); (5) permite a utilização de uma ampla gama de solventes e (6) é de fácil manipulação.

Figura 6.4 – (a) Separador de fases do tipo membrana e (b) sua representação esquemática. FS, Fluxo segmentado com fase aquosa intercalada com uma fase orgânica; FO, fase orgânica; FA, fase aquosa com resíduos da fase orgânica.

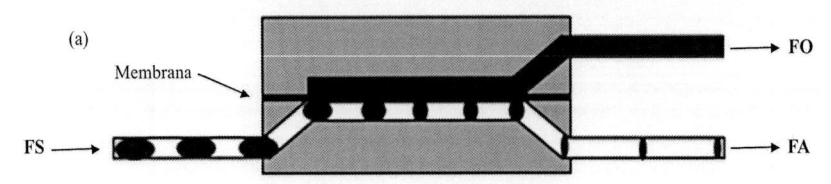

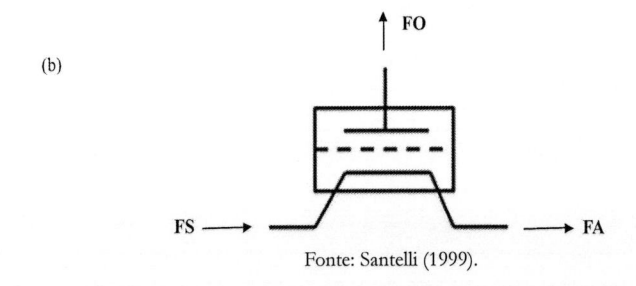

Fonte: Santelli (1999).

A principal limitação do separador de membrana é o tempo de vida limitado. As operações em sistemas que usam este dispositivo são interrompidas com frequência devido a sua danificação. Uma alternativa para prolongar o seu uso é utilizar uma grade de suporte mesmo tendo que sacrificar um pouco a eficiência de separação.

As membranas de separação para realizar ELL em linha podem ser classificadas em hidrofóbicas ou hidrofílicas. Esta classificação se baseia na afinidade destas membranas com solventes não polares ou polares, respectivamente. A escolha de um tipo em particular irá depender da fase que se deseja coletar para a determinação do analito. As membranas microporosas hidrofóbicas são mais frequentemente usadas desde que a fase orgânica é a mais utilizada como fase extratora. Há poucas aplicações na literatura, nas quais membranas hidrofílicas são utilizadas para separação da fase aquosa (FANG, 1993).

6.3 DISPERSÃO EM SISTEMAS PARA ELL EM LINHA

Em sistemas para extração líquido-líquido em linha, a dispersão do analito pode ocorrer em quatro etapas diferentes de operação: (1) dispersão antes da segmentação da fase; (2) a dispersão durante o processo de extração; (3) dispersão no separador de fases e (4) dispersão após a separação de fases, durante o transporte para detector e no próprio detector.

Em princípio, a dispersão antes de o fluxo passar no segmentador e também após a separação de fases pode ser controlado como normalmente é feito em outros sistemas de fluxo, ou seja, na utilização dos grandes volumes de amostras e tubos condutores curtos e estreitos. No entanto, o volume da fase que emerge do separador no final do processo de extração (e que contém o analito) deve ser muito pequeno e, portanto, propício à dispersão. É desejável que o quociente entre os volumes das fases aquosa e orgânica seja grande, pois altos valores do fator de pré-concentração podem ser obtidos. Portanto, este alto valor requer um volume mínimo da fase orgânica. Ademais, essas duas tendências são contarias e devem ser avaliadas para que se atinja a maior sensibilidade possível do sistema.

A dispersão que ocorre durante o processo de extração dentro da bobina, geralmente não traz sérios prejuízos em termos de sensibilidade, apesar do comprimento das bobinas para ELL serem geralmente maiores que as bobinas para misturas. A dispersão, neste caso, é gerada por um filme aquoso que se forma nas paredes internas do tubo. Este filme funciona como uma ponte entre os segmentos do fluxo contribuído com uma pequena dispersão.

O separador de fases gravitacional pode se tornar uma fonte de dispersão considerável se o volume morto do separador não for minimizado. Desta forma, um dos principais benefícios que os separadores de membrana podem trazer é a minimização desta dispersão (FANG, 1993).

6.4 SISTEMAS PARA EXTRAÇÕES MÚLTIPLAS

Em um sistema em linha que realiza extrações múltiplas os processos de extração líquido-líquido é repetido várias vezes usando-se o mesmo ou diferentes solventes em cada estágio sucessivo. Sua aplicabilidade está associada com a separação do analito de matrizes complexas. Os sistemas que realizam extrações líquido-líquido múltiplas são similares àqueles usados em extrações simples e apenas apresentam mais componentes. O número de componentes irá depender do número de extrações a serem realizadas, tornando assim o sistema mais complexo. No entanto, o aumento da complexidade é compensado por uma extração mais eficiente. A Figura 6.5 apresenta um sistema que realiza dois estágios de extração. Para aumentar o número de estágios, basta acoplar novas unidades de extração em sequência (SHELLY; ROSSI; WARNER, 1982; ROSSI; SHELLY; WARNER, 1982; WANG; HANSEN, 2000).

Figura 6.5 – Sistema analítico com dois estágios de extração líquido-líquido. C, carreador; P, bomba peristáltica; S, amostra; VI, válvula de injeção; FO, fase orgânica; FA, fase aquosa; SgF, segmentador de fases; SpF, separador de fases; BE, bobina de extração; BR, bobina de restrição; D, detector e W, descarte.

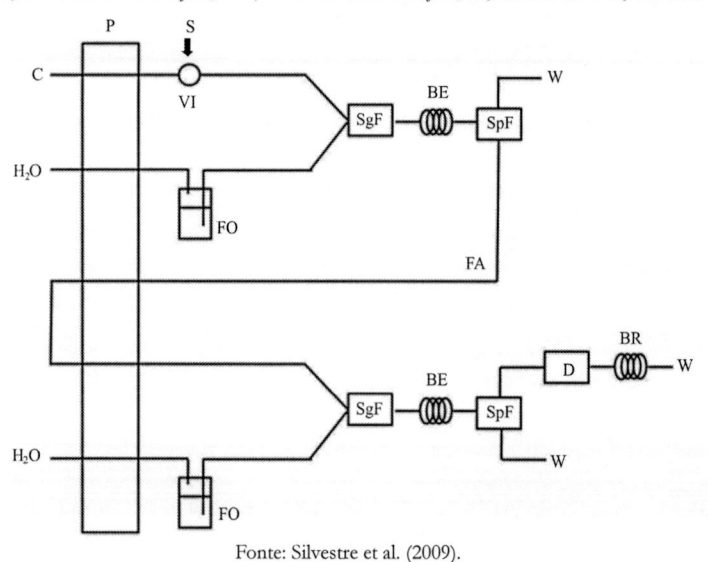

Fonte: Silvestre et al. (2009).

Capítulo 6 – Separação e pré-concentração em linha por extração líquido-líquido   103

6.4.1 Sistemas com alças cruzadas para extrações múltiplas

Nestes sistemas, acontece a extração contínua do analito em um pequeno volume da fase orgânica que circula em uma alça fechada. A amostra é continuamente introduzida usando-se uma válvula de quatro portas e direcionada para o segmentador, no qual é intercalada com o solvente orgânico. O fluxo segmentado passa pela bobina e, posteriormente, pelo separador de fases, como nos sistemas tradicionais de extração simples. A fração aquosa é removida e descartada. No entanto, em vez da fase extratora seguir para o detector, ela é redirecionada para o segmentador, no qual é posta em contato com uma nova alíquota da amostra para concentrar o analito e possibilitar altos fatores de enriquecimento. A Figura 6.6 apresenta um esquema de um sistema de extração líquido-líquido com recirculação por meio de alças cruzadas. Estes sistemas apresentam uma desvantagem desde que pode ser usado apenas quando grandes quantidades da amostra estão disponíveis (ATALLAH; RUZICKA; CHRISTIAN, 1987; ATALLAH; CHRISTIAN; HARTENSTEIN, 1988).

Figura 6.6 – Diagrama de um sistema de extração líquido-líquido com recirculação por meio de alças cruzadas. P, bomba peristáltica; S, amostra; V, válvula para comutação de fluxos; FO, fase orgânica; SgF, segmentador de fases; SpF, separador de fases; BE, bobina de extração; D, detector e W, descarte.

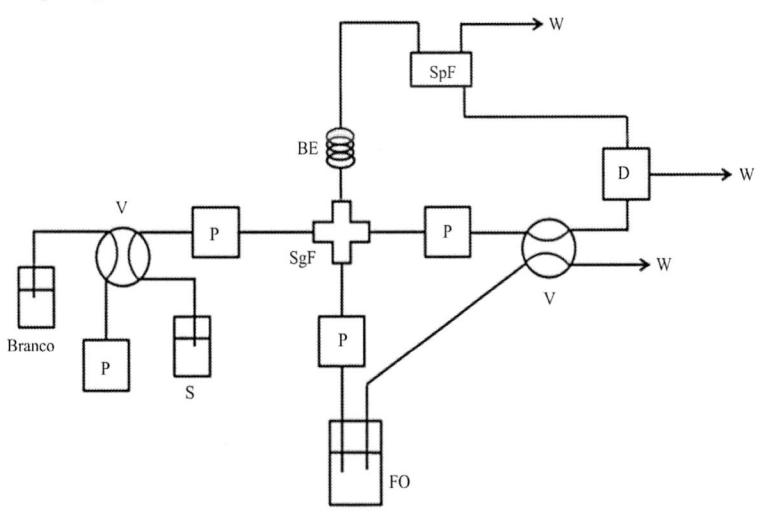

Fonte: Silvestre et al. (2009).

6.5 SISTEMAS PARA RETROEXTRAÇÕES

Estes sistemas são desenhados de forma a promover extrações em multi estágios. O analito na fase aquosa é inicialmente extraído em meio orgânico e então retro extraído em outra fase aquosa. É nesta fase que as medidas são feitas devido a suas vantagens ou quando o detector não é o ideal para a quantificação na fase orgânica como é o caso das técnicas que utilizam plasma (ICP OES e ICP-MS). A Figura 5.7 apresenta o diagrama esquemático de um sistema FIA para retroextração. Nele, após a primeira separação de fase, a fase orgânica contendo o quelato metálico é direcionada para um segundo segmentador no qual é intercalada com uma solução aquosa (re-extratora) contendo um reagente que forme um quelato mais forte que o primeiro. O processo de retro extração na fase aquosa acontece com maior eficiência na bobina de mistura. Posteriormente, a fase orgânica é descartada enquanto a fase aquosa segue para o detector para a quantificação do analito (BACKSTROM; DANIELSSON, 1990; WANG; HANSEN, 2002a, 2002b).

Figura 6.7 – Representação esquemática de um sistema para realizar retro extração em fluxo. C, carreador; P, bomba peristáltica; S, amostra; V, válvul; FO, fase orgânica; SgF, segmentador de fases; SpF, separador de fases; BE, bobina de extração; SER, solução de re-extração; D, detector e W, descarte.

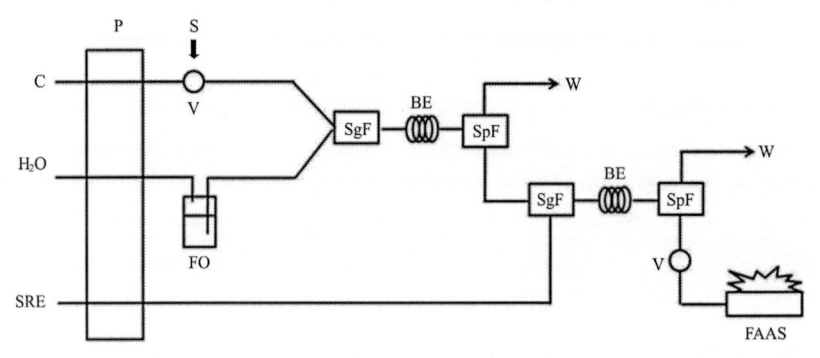

Fonte: Silvestre et al. (2009).

6.6 SISTEMAS SEM SEPARAÇÃO DE FASES

Os sistemas que realizam a extração líquido-líquido sem separação de fases geralmente são formados por linha única e são mais simples, pois neles não há a presença de separador de fases e, muitas vezes, o segmentador pode ser substituído por uma válvula de injeção. Neste tipo de abordagem, a amostra é injetada em uma fase orgânica contínua ou também a fase orgânica pode ser injetada em um fluxo contínuo da amostra. Esta fase orgânica frequentemente já traz nela dissolvida o agente complexante que promove a extração e/ou o desenvolvimento de cor para a detecção. A fase extratora é direcionada para a bobina de mistura e o analito é extraído para a fase orgânica. O problema da introdução de um fluxo segmentado, constituído pelas fases aquosa e orgânica, no detector é contornado por (1) processamento matemático do sinal ou (2) o acionamento de detector através do reconhecimento (usando, por exemplo, sondagem condutimétrica) do momento em que a fase extratora passa por ele (SILVESTRE et al., 2009).

6.7 SISTEMAS SEM SEGMENTAÇÃO E SEPARAÇÃO DE FASES

A ELL pode ser realizada em linha sem a segmentação de fases, utilizando-se um módulo de membrana tipo sanduíche semelhante aos dispositivos de membrana usados para separação em diálise. Os fluxos da amostra e do extrator são independentes e, quando entram no dispositivo, correm paralelamente e entram em contato, sendo separados apenas pela membrana. Como os microporos da membrana são permeáveis apenas para a fase orgânica, o analito na fase aquosa atravessa-a e é transferido para a fase extratora. A principal desvantagem desta abordagem é o baixo fator de transferência de fase que geralmente se encontra entre 8 e 18% (FANG, 1993; MOSKVIN; NIKITINA, 2004; MIRÓ; FRENZEL, 2004).

6.8 ACOPLAMENTO DE SISTEMAS PARA ELL EM LINHA ÀS TÉCNICAS ANALÍTICAS

6.8.1 Espectrofotometria

A espectrofotometria é a técnica de detecção mais frequentemente usada em ELL em linha. Há um grande número de reagentes disponíveis não apenas para formar espécies com o analito que possam ser extraídas, mas também para agir como agente cromogênico. As principais vantagens desse detector em ELL em linha são (1) nenhuma limitação para velocidade de fluxo; (2) as células de fluxo não sofrem ataque químico pelos solventes extratores e (3) praticamente não há efeito de interferência devido ao índice de refração, pois apenas a fase extratora é conduzida ao detector.

O desempenho de sistemas de ELL em linha com determinação espectrofotométrica é bastante satisfatório. Geralmente, a frequência de amostragem está na faixa entre 30-60 amostras por hora e precisão entre 1-2% (RSD) pode ser encontrada. O volume da amostra usado na separação pode ficar entre 100-500 microlitros. Se a extração for realizada com objetivo de pré-concentrar o analito, volumes de poucos mililitros podem ser usados.

O acoplamento das técnicas de fluorimetria e quimioluminescência a ELL em linha pode ser feita de forma semelhante ao que se faz na técnica de espectrofotometria (FANG, 1993).

6.8.2 Espectrometria de absorção atômica com chama

A maioria das aplicações da ELL em linha na espectrometria atômica envolve a espectrometria de absorção atômica com chama (FAAS). A extração é realizada com diversos objetivos, incluindo a pré-concentração, remoção de interferentes e determinação de ânions e analitos orgânicos de forma indireta. O acoplamento da extração líquido-líquido em linha ao FAAS é bastante simples e não apresenta grandes dificuldades. Sabe-se que a introdução de uma fase orgânica extratora no sistema nebulizador/queimador aumenta a sensibilidade da detecção devido a baixa tensão superficial dos solventes orgânicos facilitar o processo de nebulização (VALCARCEL; GALEGO, 1989a).

6.8.3 Espectrometria de absorção atômica com forno de grafite

A introdução direta da fase extratora no espectrômetro de absorção atômica com forno de grafite (GFAAS) após a ELL em linha não é usual devido à natureza descontínua das operações usando esta técnica. Em geral, nos métodos que combinam ELL em linha e GFAAS, a etapa de determinação é feita à parte (fora de linha). O extrato orgânico é coletado em um recipiente e levado à detecção de forma tradicional. Solventes orgânicos não se constituem como problemas em forno de grafite, pois a técnica permite eliminá-los adequadamente na etapa de pirólise usando-se um programa de temperatura adequado (FANG, 1993; VALCARCEL; GALEGO, 1989b).

6.8.4 Espectrometrias usando fontes de plasma

O acoplamento da ELL em linha às técnicas que utilizam fonte de plasma apresenta algumas dificuldades, pois os plasmas são mais susceptíveis a sofrer alterações e até mesmo se extinguir com a introdução de solventes orgânicos, exigindo, para isto, uma potência maior de trabalho. A mudança das condições dos solventes também pode causar flutuações no plasma requerendo um controle mais cuidadoso em relação à separação incompleta da fase aquosa do extrato que é introduzido no equipamento. Para evitar a introdução de solvente orgânico em técnicas de ICP pode-se utilizar sistemas que realizam retro-extração (Ver secção 5.5) (FANG, 1993; JAMSHID; MANZOORI, 1990).

6.8.5 Técnicas cromatográficas

Sistemas que realizam a ELL em linha também podem ser acoplados a equipamentos de cromatografia gasosa e cromatografia líquida com objetivo de limpeza (clean up) da amostra ou pré-concentração. O primeiro acoplamento verdadeiramente em linha da ELL com um equipamento de cromatografia gasosa foi aplicado à determinação de hidrocarbonetos alifáticos e aromáticos em efluentes (ROERAADE, 1985).

O acoplamento da ELL a sistemas de cromatografia líquida de alta eficiência (CLAE) pode ser feito antes ou após a coluna cromatográfica. O acoplamento pós-coluna apresenta maior dificuldade devido à diferença entre as velocidades do efluente que deixa a coluna e do fluxo do sistema em linha (FANG, 1993). No entanto, o acoplamento pré-coluna pode ser realizado mais facilmente e consiste no uso de uma válvula injetora com uma alça de amostragem de volume definido para transferir o solvente extrator que emerge do sistema de separação em linha no cromatógrafo. Farran, Pablo e Hernandez, (1988) utilizaram um desses sistemas para determinação de pesticidas usando n-heptano como extrator.

A Figura 6.8 apresenta um sistema que realiza a ELL em linha acoplado a um equipamento de cromatografia gasosa para determinação de fenóis em amostras de águas, usando-se acetato de etila como fase extratora (BALLESTEROS; GALLEGO; VALCARCEL, 1990). Neste sistema, a fase extratora emerge do sistema de separação e passa por uma coluna com material dissecante para remoção dos traços de água que poderiam prejudicar a determinação. Um pequeno volume da fase extratora foi injetado no cromatógrafo usando-se uma válvula rotatória.

Figura 6.8 – Diagrama esquemático de um sistema para ELL em linha e determinação por CG. P, bomba; OR, solvente orgânico; S, amostra aquosa, SgF; segmentador de fases; SpF, separador de fases; DC, coluna com dissecador; BE, bobina de extração; D, detector e W, descarte, V, válvula injetora; B, aquecedor; I, porta de injeção do cromatógrafo; IF, interruptor do fluxo de N_2 e CG, cromatógrafo a gás.

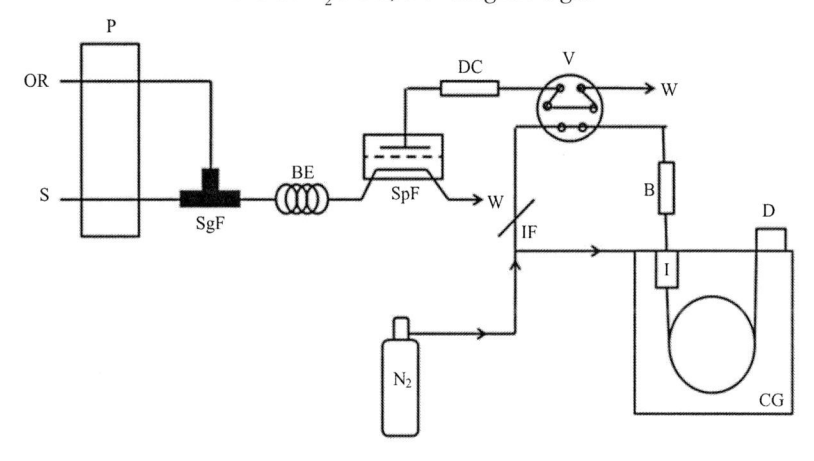

Fonte: Ballesteros, Gallego e Valcarcel (1990).

CAPÍTULO 7

SEPARAÇÃO E PRÉ-CONCENTRAÇÃO EM LINHA USANDO EXTRAÇÃO NO PONTO NUVEM

7.1 INTRODUÇÃO

A extração no ponto nuvem baseia-se no fenômeno de separação de fases que ocorre quando a solução de um determinado surfactante, acima de sua concentração micelar crítica (CMC), atinge o seu ponto nuvem. Este ponto pode ser alcançado pela alteração de algumas propriedades como a temperatura, a pressão ou se uma dada substância é adicionada a esta solução. A solução original separa-se em duas fases distintas, uma rica em surfactante e de pequeno volume contendo o analito desejado e a fase aquosa (a solução da matriz) de grande volume que deve ser descartada (BEZERRA; ARRUDA; FERREIRA, 2005). O analito é capturado na fase micelar, separando-se das interferências da matriz original e também pré-concentrando-se.

As moléculas dos surfactantes apresentam a propriedade de auto-associação em solventes aquosos, formando diferentes estruturas organizadas, entre as quais destacamos as micelas. As micelas são estruturas supramoleculares de dimensões coloidais formadas a partir de moléculas de surfactantes que se agregam espontaneamente em solução aquosa quando este atinge sua CMC. Abaixo deste valor, o surfactante está predominantemente na forma de monômeros não associados. Porém, quando a CMC é ultrapassada, o processo de formação dos agregados micelares é favorecido. O núcleo micelar é hidrofóbico e, portanto, captura espécies com características apolares. A parte externa da micela, por ser formada por grupos carregados ou hidrofílicos, captura substâncias polares.

Segundo Paleologos et al. (2005), Watanabe e colaboradores foram os primeiros a introduzir o uso de surfactantes em procedimentos de separação e pré-concentração como uma alternativa aos tradicionais solventes orgânicos usados na extração líquido-líquido. Desde então, o uso da extração no ponto nuvem em processos para extração de metais e substâncias orgânicas em amostras biológicas, clínicas e ambientais tornou-se um campo propício para desenvolvimento de novos métodos. A extração no ponto nuvem já é amplamente difundida na separação e pré-concentração de substâncias orgânicas, principalmente na área bioquímica. Sendo assim, já foram registrados trabalhos que utilizam a técnica para extração de vitaminas, aminas biogênicas, fenóis, ortofosfato, herbicidas, pesticidas, hidrocarbonetos policíclicos aromáticos (HPAs), colesterol, drogas antiepiléticas, ácidos fúlvicos e húmicos, bifenilas policloradas, proteínas, entre outras substâncias (BEZERRA; FERRREIRA, 2006).

Métodos de separação e pré-concentração por extração no ponto nuvem vêm oferecendo uma alternativa eficiente em relação aos métodos convencionais de extração. Quando a extração no ponto nuvem é comparada à extração líquido-líquido convencional, ela apresenta fatores de extração e pré-concentração compatíveis, além de vantagens como segurança operacional devido à baixa inflamabilidade do surfactante, baixa toxicidade para o analista e para o ambiente e acessibilidade dos laboratórios à técnica por causa da utilização de surfactantes de baixo custo e facilmente encontrados no mercado. O pequeno volume da fase rica em surfactante obtida permite a execução de estratégias de extração que são simples, economicamente viáveis e altamente eficientes quando comparados àquelas extrações que usam solventes orgânicos (QUINA; HINZE, 1999; PRAMAURO; PREVOT, 1999).

7.2 EXTRAÇÃO NO PONTO NUVEM EM LINHA

Fang, Du e Huie (2001), foram os primeiros pesquisadores a proporem a incorporação realmente em linha da extração, no ponto nuvem na pré-concentração de cuproporfirina, a partir de amostras de urina e determinação por quimioluminescência. Este sistema é apresentado na Figura 7.1. Todos os trabalhos anteriores ao citado acima, realizaram a extração no ponto nuvem fora de linha e o sistema FIA era utilizado para realizar reações necessárias à detecção ou para facilitar a manipulação de pequenas quantidades da fase micelar, a qual gerava um sinal transiente no momento da leitura.

Para ser possível a realização da extração no ponto nuvem totalmente em linha e também a detecção por fluorescência, foram solucionadas três dificuldades técnicas: (1) a incorporação de um sistema de aquecimento foi evitado pelo emprego de um reagente que provoque um efeito *salting out*, como o $(NH_4)_2SO_4$ para induzir a separação de fase de um meio micelar misto de Triton X-114 e SDS. Este artifício permite o abaixamento do ponto nuvem do surfactante à temperatura ambiente; (2) a dificuldade de acelerar a separação da fase micelar da fase aquosa, que nos procedimentos fora de linha é realizado por uma centrífuga, foi resolvida com o acoplamento em linha de uma coluna recheada com um material filtrante inerte (como a lã de vidro ou algodão) seguida pela subsequente eluição da fase micelar com um solvente apropriado e (3) a determinação espectroscópica de analitos na presença de agregados de surfactantes foi realizada pelo emprego de uma reação de quimioluminescência que induz a emissão de luz, permitindo detecção sensível e seletiva.

Figura 7.1 – Diagrama esquemático de sistema de análise por injeção em fluxo que realiza a extração no ponto nuvem para pré-concentração de cuproporfirina. ST, solução da amostra em surfactante, SA, reagent salting out (ex: solução de sulfato de amônio); ES, solvente eluente; TCPO: solução de oxalato de bis (2,4,6-triclorofenil, 2 mmol/L); H_2O_2, solução de peróxido de hidrogênio (5%); LD, luminômetro; V, válvula; X, canal bloqueado; C, coluna filtrante; KR, reator enovelado; W1, W2, e W3, descarte.

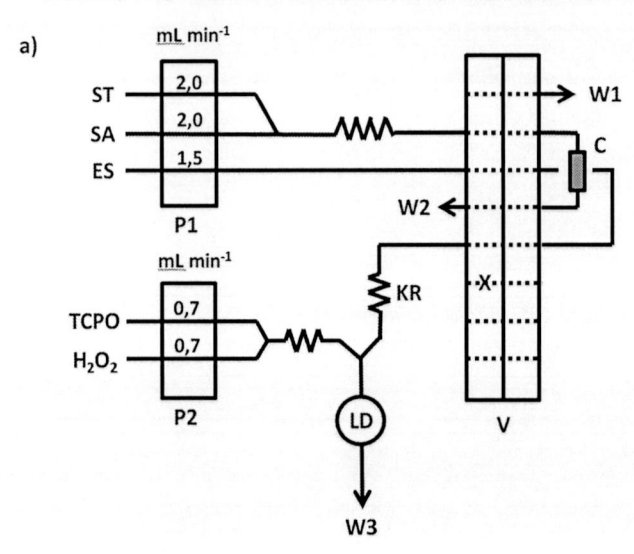

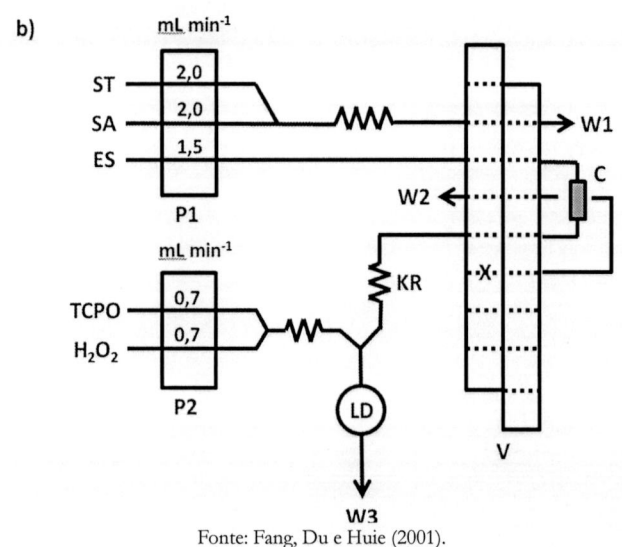

Fonte: Fang, Du e Huie (2001).

Pela observação da ilustração, pode-se entender o funcionamento do sistema FIA usado por Fang. A solução da amostra adicionada dos surfactantes encontra-se com o reagente Na_2SO_4, no ponto 1, provocando a separação da fase micelar, a qual é filtrada por uma minicoluna empacotada com fibra de vidro e a fase aquosa é descartada. Enquanto isso, a solução eluente passa pela célula do detector e segue para o descarte. Após a etapa de pré-concentração, a posição da válvula é alterada, o solvente dissolve a fase micelar e posteriormente encontra-se no ponto 2 com os reagentes que proporcionarão a reação de quimioluminescência (TCPO e H_2O_2), seguindo depois para a célula do detector, no qual é registrado um sinal.

7.3 APLICAÇÕES ANALÍTICAS DA EXTRAÇÃO NO PONTO NUVEM EM LINHA

A realização em linha da extração no ponto nuvem é atualmente empregada para pré-concentrar diversos analitos que permitem o aumento de desempenho das técnicas empregadas para a determinação. Alguns trabalhos serão comentados abaixo.

Paleologos et al. (2003) aplicaram os princípios descritos no trabalho de Fang, para o desenvolvimento de um método de separação e pré-concentração em linha para determinação de Cu (II), Zn (II), Co (II), Fe (III), Al (III) e Cr (III) em amostras de águas naturais, por uma reação de quimioluminescência com luminol e peróxido de hidrogênio. O meio micelar foi composto por dois surfactantes, o SDS e o Triton X-114. Esta mistura permite a escolha da temperatura de ponto nuvem que ofereça melhor comodidade para se alcançar o efeito *salting out*. O método desenvolvido permitiu a detecção dos metais com limites de detecção entre 0,5 e 3 ng L^{-1}.

Ortega et al. (2002) desenvolveram um sistema de pré-concentração no ponto nuvem em linha para determinação de gadolínio em urina por ICP OES. O método baseia-se na complexação do Gd (III) com Br-PADAP em ambiente micelar de PONPE 7,5. A solução micelar contendo o complexo é aquecido fora de linha a 25⁰C e introduzida no sistema FIA onde ocorre a separação de fases promovida por uma minicoluna filtrante empacotada com algodão. A fase rica em surfactante, já separada, segue para o nebulizador do plasma após ser dissolvida com HNO_3 4 mol L^{-1}. O limite de detecção para a pré-concentração de 10 mL da solução aquosa de Gd (III) foi de 40 ng L^{-1}.

Em outro trabalho foi desenvolvido um sistema de pré-concentração em linha por CPE-ICP OES para determinação de disprósio em urina (ORTEGA et al., 2003). O íon Dy(III) é complexado com Br-PADAP e posteriormente capturado em micelas do surfactante PONPE 7,5. O sistema micelar contendo o complexo é aquecido em linha por um banho termostatizado a 30^0C, a fim de promover uma separação das fases mais eficiente e cômoda, diferentemente do trabalho anterior. A fase rica em surfactante é retida em uma minicoluna empacotada com algodão e, posteriormente, ser eluída com HNO_3 para o nebulizador do plasma. Foi encontrado um fator de enriquecimento de 50 vezes para a pré-concentração de 50 mL da solução da amostra. O limite de detecção obtido foi de 30 ng L^{-1}.

Garrido et al. (2004) desenvolveram um sistema de pré-concentração em linha para determinação de Hg em águas naturais e detecção por espectrofotometria. O analito é complexado com ditizona em meio micelar de Triton X-100. Segundo estes autores, o sistema FIA desenvolvido permitiu: (a) o pré-tratamento em linha da amostra, eliminando o interferente Fe (III) através de uma coluna preenchida com a resina de troca iônica; (b) o preparo em linha do reagente ditizona, utilizando uma coluna do reagente sólido; (c) a pré-concentração em linha do analito por EPN e (d) a obtenção do sinal espectrofotométrico do analito para sua quantificação. Obteve-se, então, um limite de detecção de 14 µg L^{-1} para este metal.

Outros trabalhos que utilizam a extração no ponto nuvem em linha e suas características são apresentados na Tabela a seguir:

Tabela 7.1 – Alguns métodos em linha usando extração no ponto nuvem

Analito	Amostra	Surfactante/Reagente/Detecção	LD (µg L⁻¹)	Referência
Mn	Alimentos	Triton X-114/Me-BTABr/FAAS	0,7	(LEMOS e DAVID, 2010)
Pb	Água potável	PONPE 7.5 /sem reagente/USN-ICP OES	0,09	(GIL et al., 2010)
Cd, Co, Cr, Cu, Fe e Mn	Águas	Triton X-114/TTA/ ICP OES	0,1	(YAMINI et al., 2008)
Bilirrubina	Soro sanguíneo	Triton X-114/sem reagente/ Quimioluminescência	1,8	(LU et al., 2007)
Sb³⁺ e Sb⁵⁺	Ambientais e biológicas	Triton X-114/APDC/ ETA -ICP OES	0,09	(LI, HU e JIANG, 2006)
Co	Água potável	PONPE 7.5 / sem reagente / ETAAS	0,01	(GIL et al., 2008)
Mn	Alimentos	Triton X-114/Br-TAO/FAAS	0,50	(LEMOS et al., 2008)
HPAs	Solos	Tergitol 15-S-7/sem reagente /HPLC	0,1	(LI et al., 2008)
Fe e Cu	Alimentos	Triton X-114/ECR/FAAS	1,1	(DURUKAN et al., 2011)

Me-BTABr: 2-[2'-(6-metil-benzotiazolilazo)]-4-bromofenol; TTA: 1-(2-tenoil)-3,3,3-trifluoracetona; APDC: Pirrolidina ditiocarbamato de amônia; Br-TAO, 4-(5'-bromo-2'-thiazolylazo)orcinol; ECR: Eriocromo Cianina R.

CAPÍTULO 8

SEPARAÇÃO E PRÉ-CONCENTRAÇÃO EM LINHA POR EXTRAÇÃO EM FASE SÓLIDA

8.1 INTRODUÇÃO

Extração em fase sólida (SPE, do inglês *solid-phase extraction*) é um método de preparo de amostras que separa e/ou concentra substâncias por transferência a uma fase sólida e posterior re-extração em um determinado solvente. SPE vem sendo extensivamente utilizada para aumentar a seletividade e a sensibilidade de métodos analíticos, pois tem a capacidade de eliminar grande parte dos interferentes presentes na matriz original e aumentar a concentração do analito na solução final obtida.

A abordagem convencional em SPE envolve a passagem de uma amostra líquida através de uma coluna contendo uma fase sólida e retenção do analito. Após a eliminação dos concomitantes da matriz da amostra, o analito é extraído por sua eluição com um solvente apropriado. Este solvente deve ter mais afinidade com o analito do que com a fase sólida (THURMAN; MILLS, 1998). O mecanismo de retenção do analito depende da natureza da fase sólida e pode ser descrito por fenômenos de adsorção, quelação ou troca iônica (CAMEL, 2003). As interações moleculares envolvidas na retenção do analito pela fase sólida envolvem interações hidrofóbicas, íon-dipolo, dipolo-dipolo, ligações de hidrogênio, doação de elétrons e eletrostáticas.

Na análise por injeção em fluxo, a extração em fase sólida é geralmente realizada com o uso de minicolunas. No primeiro sistema em linha com SPE, foi realizada a determinação de íons amônio, usando resina de troca iônica como fase sólida (BERGAMIN et al., 1980).

A realização da extração em fase sólida em linha oferece diversos benefícios como, por exemplo, a rapidez nas análises, aumento do desempenho de métodos convencionais, reutilização da fase sólida em novas análises, uso de pequenos volumes de eluentes, pouco manuseio da amostra, facilidade de automação, etc.

8.2 UM EXEMPLO DE EXTRAÇÃO EM FASE SÓLIDA EM LINHA

Um exemplo de extração em fase sólida em linha será comentado para ilustrar a aplicação da técnica. Ferreira et al. (2003) desenvolveram um sistema de pré-concentração em linha para determinação de cobre em amostras de folhas vegetais (Figura 8.1). A extração/pré-concentração é realizada em uma mini coluna recheada com a resina polimérica Amberlite XAD-2 impregnada com o reagente complexante 2-(2-tiazolilazo)-5-dimetilaminofenol (TAM). Na etapa de pré-concentração, a amostra tamponada em pH 7,5 é propelida pela coluna em uma razão de fluxo de 7,4 mL min^{-1} por 2 min. O cobre é complexado pelo reagente impregnado na resina e é retido na coluna enquanto o restante da solução segue para o descarte. Enquanto isso, a solução do eluente (HCl 1 mol L^{-1}, 5,0 mL min^{-1}) segue diretamente para o espectrômetro para o estabelecimento da linha de base. Na etapa de eluição, a válvula é girada, alterando o percurso das soluções no sistema em linha. Dessa forma, a solução da amostra é dirigida diretamente para o descarte enquanto o eluente atravessa a coluna desfazendo o complexo e liberando o metal.

Figura 8.1 – Diagrama de um sistema para extração em fase sólida em linha para determinação de cobre usando FAAS. P, bomba peristáltica; C, minicoluna recheada com Amberlite XAD-2 impregnada com o reagente TAM; V, válvula rotatória; FAAS, espectrômetro de absorção atômica com chama e W, descarte. (a) válvula na posição de pré-concentração e (b) válvula na posição de eluição.

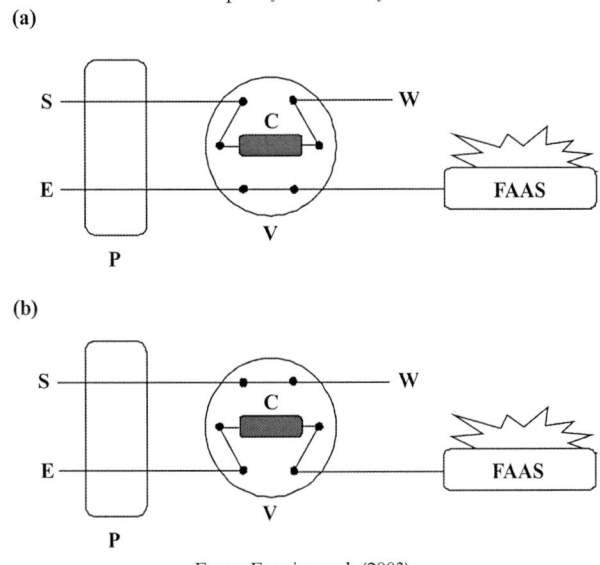

Fonte: Ferreira et al. (2003).

O eluente com o metal dissolvido é levado até o espectrômetro onde é realizada a sua quantificação. Como a extração do analito é rápida e o volume do eluente é bem menor que o volume original da amostra, um alto fator de pré-concentração é encontrado (62 vezes). O limite de detecção encontrado (0,23 µg L^{-1}) também é muito baixo.

8.3 FASES SÓLIDAS USADAS COMO RECHEIOS DE COLUNAS PARA SISTEMAS EM LINHA

Fases sólidas usadas com sucesso como recheios de colunas em extração em fase sólida convencional, nem sempre são adaptáveis a sistemas em linha. Isto acontece devido às características intrínsecas destes sistemas, principalmente o rápido contato entre o adsorvente e a solução do analito que está em fluxo. Os requisitos necessários para que uma fase sólida seja utilizada como recheio de coluna em sistemas de separação/ pré-concentração em linha são os seguintes:

(a) A magnitude do seu intumescimento ou encolhimento deve ser desprezível quando as condições do solvente forem modificadas;

(b) Apresentar propriedades mecânicas que as torne fortes o suficiente para resistir a altas vazões e manter longo o tempo de vida útil da coluna;

(c) Interagir de forma cineticamente favorável com o analito, permitindo a sua fácil retenção e eluição por um solvente apropriado. As fases sólidas que retêm fortemente o analito, a tal ponto dele só poder ser recuperado com a sua completa destruição, obviamente, não podem ser usados em sistemas em linha;

(d) Ter granulometria adequada para permitir uma maior área de contato com a solução da amostra, sem causar aumento de pressão no sistema por impedimento do fluxo.

Além dos requisitos gerais acima apresentados, particularidades exigidas pelo tipo de analito e sistema de detecção também deve ser levadas em consideração. Alguns exemplos: O recheio da coluna deve ser escolhido de acordo com a substância a ser extraída, com o objetivo de se obter um melhor desempenho do sistema; algumas fases sólidas demandam solventes para eluição que são incompatíveis com alguns sistemas de detecção; recheios usados em espectrofotometria em fase sólida devem ser transparentes o suficiente para transmitir radiação adequada (FANG, 1993; LEMOS, 2001).

8.3.1 Tipos de recheios

Abaixo são apresentados alguns tipos de fase sólida que podem ser utilizadas como recheio de colunas para extração em linha:

(a) **Materiais hidrofóbicos:** São adsorventes de natureza apolar. Nestes materiais, as substâncias são usualmente adsorvidas sobre fases sólidas de grande área superficial por meio de forças de van der Waals. O adsorvente deste tipo mais comum é a sílica quimicamente ligada a grupos octadecil (C_{18}-sílica). Fases reversas poliméricas também são muito utilizadas, especialmente aquelas de copolímero estireno divinil benzeno como, por exemplo, as resinas da família XAD. A eluição é normalmente realizada com solventes orgânicos como o metanol e a acetonitrila. Estas fases sólidas não são aplicadas para extração direta de metais, pois muitos deles são espécies iônicas e não são retidos nesta fase hidrofóbica. Uma alternativa é formar um quelato com o metal, a fim de se obter uma espécie hidrofóbica que pode ser adsorvida na superfície destas fases (THURMAN; MILLS, 1998; LEMOS, 2001).

(b) **Materiais quelantes:** A extração por quelação baseia-se no uso de resinas que apresentam grupos funcionais capazes de quelar os metais de interesse. Os átomos que apresentam esta propriedade e que são frequentemente encontrados nos grupos funcionais de reagentes quelantes imobilizados nas resinas são o nitrogênio (ex: N presente nas aminas, nos grupos azo, nas amidas e nitrilas), o oxigênio (ex: O presente nos grupos carboxila, hidroxila, fenólico, éter, carbonil e fosforil), e enxofre (ex: S presente nos grupos tióis, tiocabamatos e tioéteres). A natureza do grupo funcional pode nos fornecer uma ideia da seletividade dos ligantes em relação ao elemento que se deseja extrair. Uma fase sólida quelante pode ser obtida por introdução do grupo funcional em um suporte sólido (como a resina polimérica comercial Chelex-100 ou a 8-hidroxiquinolina imobilizada em vidro de poro controlado). Agentes quelantes vêm sendo inseridos na resina de três formas: (1) pela funcionalização da fase sólida com grupos funcionais quelantes por meio de sua ligação química com a resina; (2) pela síntese de novas fases sólidas que já possuem os grupos quelantes em sua estrutura e (3) pela impregnação da fase sólida com o agente quelante. Este último procedimento de imobilização é o mais simples e prático. Porém, uma desvantagem da impregnação é o menor tempo de vida útil da fase impregnada, pois o reagente quelante é lixiviado com facilidade pelas próprias soluções da amostra e do eluente (THURMAN; MILLS, 1998; LEMOS, 2001; POOLE, 2000).

(c) **Trocadores iônicos**: São resinas de troca iônica, nas quais estão presentes grupos funcionais catiônicos ou aniônicos que podem permutar os contra-íons associados a estes grupos. Estes grupos podem ser quimicamente ligados à sílica gel ou a polímeros (frequentemente um copolímero estireno divinilbenzeno), sendo que este último permite a utilização de uma extensão ampla de pH. Embora esses materiais não apresentem a seletividade das resinas quelantes, eles têm sido usados em pré-concentração em linha. As resinas aniônicas podem ainda ser utilizadas como um meio de limpeza para remover interferentes aniônicos da solução da amostra. Interferências de cátions que não formam complexos negativamente carregados podem ser efetivamente minimizadas por esta abordagem. As resinas desse tipo mais usadas são: Dowex 1-X8; Amberlite IRA-120; IRA-400 e AG 1-X8 (THURMAN; MILLS, 1998; LEMOS, 2001; FANG, 1993).

(d) **Polímeros iônica e molecularmente impressos**: São polímeros seletivos a uma determinada molécula ou íon inorgânico preparados via tecnologia de impressão química. A seletividade destes materiais está diretamente relacionada ao reconhecimento pelo polímero de uma molécula ou íon de interesse, os quais foram empregados previamente como molde no processo de sua síntese. Polímeros impressos apresentam como características o fácil preparo, o baixo custo e a resistência química na presença de ácidos, bases e solventes orgânicos, assim como resistência física a altas temperaturas e pressões. Seu uso, nos sistemas em fluxo, proporciona melhoras no desempenho analítico em razão das características apresentadas acima (HE et al., 2007; WALAS et al., 2008; BRANGER; MEOUCHE; MARGAILLAN, 2013; DIAS et al., 2008).

(e) **Espumas de poliuretano:** O uso de espuma de poliuretano em sistemas em linha apresenta a vantagem de produzir menor resistência à passagem de fluido que os materiais frequentemente usados. Isso causa pouca pressão no sistema, o que resulta em uma menor tendência a vazamentos. Espumas de poliuretano são facilmente acessíveis, de preço muito baixo e de preparo simples. Além disso, o recheio é resistente às variações de pH, embora apresente inchação quando em presença de alguns solventes orgânicos, como etanol (LEMOS, 2001).

(f) **Biosorventes:** A biosorção é descrita pela extração de metais por materiais obtidos da biomassa. Biosorventes como tecidos de vegetais (bagaço de cana, cascas de arroz, cascas de amendoim, etc) e animais (cascas de ovos, etc) adsorvem naturalmente metais. Contudo, sua capacidade de adsorção pode ser aumentada após um tratamento químico que proporciona altos fatores de enriquecimento de sistemas analíticos por injeção em fluxo (TARLEY; FERREIRA; ARRUDA, 2004). Carcaças de microorganismos como algas, fungos e bactérias suportados em outras fases sólidas como polímeros ou vidros de tamanho de poros controlados podem provocar aumento significativo da área de adsorção. Estes materiais possuem capacidade de adsorver metais devido aos diferentes grupos funcionais presentes em suas macromoléculas, incluindo polissacarídeos, proteínas, ligninas e outros. Sistemas de fluxo com colunas preenchidas com este material são atualmente de aplicação comum (PACHECO et al., 2011).

(g) **Outros materiais:** Carvão ativado, embora seja muito usado em procedimentos em batelada, em virtude da sua excepcional capacidade de sorção, apresenta um grande inconveniente quando aplicado a separações em linha: produz muita pressão no sistema, por causa do pequeno diâmetro das suas partículas. Alumina ativada é um sorvente que apresenta estabilidade em meios extremamente ácidos ou básicos, mas requer eluentes bastante concentrados para a dessorção de algumas espécies (FANG, 1993). Fulerenos e nanotubos de grafite (LATORRE et al., 2012) oxidados e/ou funcionalizados vêm sendo bastante utilizados por suas propriedades mecânicas e grande área superficial.

8.4 DISPERSÃO EM SISTEMAS DE PRÉ-CONCENTRAÇÃO EM LINHA USANDO COLUNAS PARA EXTRAÇÃO EM FASE SÓLIDA

A dispersão do analito durante o percurso no sistema de análise em fluxo pode ocorrer principalmente nos seguintes pontos: (a) no carregamento da amostra; (b) na coluna durante a adsorção e eluição e (c) no transporte do eluato e nas reações pós-coluna.

8.4.1 Dispersão durante o carregamento da amostra

Quando se usa alça de amostragem, o volume de amostra introduzido sofre dispersão no líquido carreador durante o percurso realizado entre o ponto de introdução no sistema até a coluna de extração (Figura 8.2). Quando a amostragem se baseia no tempo, não se usa carreador, e a dispersão é desprezível.

Figura 8.2 – Dispersão da amostra injetada em um fluxo carreador por alça de amostragem antes de atingir a coluna.

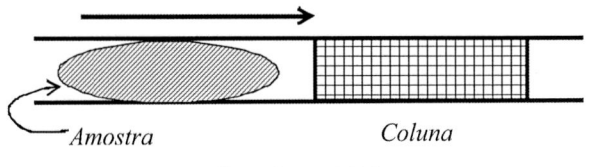

Amostra   Coluna

Fonte: Lemos (2001).

A dispersão é mais crítica quando alças de grande diâmetro são usados (>1,2 mm de diâmetro interno) para diminuir o seu comprimento e quando 5 a 10 ml (às vezes mais) de amostra são carreados. Embora a dispersão possa efetivamente ser minimizada com o uso de tubos de diâmetro estreito (<0,5 mm de diâmetro interno), isso produzirá excessiva pressão, em razão do longo comprimento de alça necessário para comportar a mesma quantidade de amostra. No entanto, a ocorrência da dispersão nesta etapa, não é um fator crítico para o desempenho dos sistemas que utilizam a pré-concentração com fases sólidas, uma vez que o analito disperso e diluído volta a se concentrar na coluna (FANG, 1993; LEMOS, 2001).

8.4.2 Dispersão durante a adsorção e eluição do analito na coluna

A dispersão do analito durante a sorção e eluição é influenciada pelos seguintes fatores: (a) a dimensão e geometria da coluna; (b) as propriedades da fase sólida em relação ao analito; (c) as propriedades do eluente; (d) a razão de fluxo do eluente e (e) a arquitetura do sistema de fluxo em relação à coluna.

Apesar das diferenças entre pré-concentração em linha com colunas e a cromatografia líquida de alta eficiência, a sorção e a liberação do analito numa coluna em linha é, em princípio, um processo cromatográfico, e pode ser utilizado para prever e explicar o comportamento dispersivo de um analito na coluna do sistema de análise em fluxo. Neste caso, o termo "dispersão" é empregado em um sentido mais geral, não somente referindo-se à distribuição espacial do analito na solução, mas também na coluna.

Em cromatografia líquida de alta eficiência, os volumes de amostra injetados são usualmente pequenos; antes da eluição, o analito injetado percorreu toda extensão da coluna e está como uma banda fina localizada no seu final. Em pré-concentração em linha, a banda de amostra é dispersa pelo fluxo em diferentes níveis ao longo da coluna, dependendo do coeficiente de distribuição do analito entre a fase sólida (estacionária) e o solvente da amostra (fase móvel). Assim, a liberação do analito pode ocorrer antes da saturação da capacidade da coluna.

Desta forma, os parâmetros experimentais devem ser cuidadosamente otimizados para produzir picos de eluição finos e a dispersão deve preferivelmente ser observada como uma propriedade cromatográfica, envolvendo não somente difusão molecular e convecção de fluxo, mas também transferência de massa entre a fase estacionária e a fase móvel (FANG, 1993; LEMOS, 2001).

8.4.3 Dispersão no transporte do eluato e nas reações pós-colunas

Após a eluição, o eluato que leva a zona concentrada do analito pode ser transportado diretamente para o detector ou ser processado para produzir espécies detectáveis antes de ser transportado para ele.

O primeiro caso refere-se a sistemas onde o analito pode ser determinado sem transformação, como em FAAS, ICP OES ou medidas potenciométricas de eletrodo seletivo. A outra categoria inclui a maioria das aplicações em espectrofotometria, fluorimetria e quimioluminescência, que usualmente requerem reações pós-coluna que transformem o analito em uma espécie que possa ser medida pelo detector. Para o caso do transporte direto, os tubos mais finos e curtos devem ser usados para evitar dispersão desnecessária.

Em sistemas onde reações pós-coluna são necessárias, o reagente é introduzido por meio de um conector em forma de T. Algumas vezes, a condição de pH do eluato pode não ser adequada para a reação. Neste caso, uma solução-tampão apropriada pode ser introduzida com o reagente ou como uma linha separada. Então, um reator é necessário para o desenvolvimento da reação, o que causa um consequente aumento do comprimento do percurso e, consequentemente, da dispersão. Todos esses fatores contribuem para a dispersão da zona do analito eluído, e devem ser cuidadosamente avaliados de forma que os efeitos da pré-concentração não sejam significativamente perdidos em reações pós-coluna (FANG, 1993).

8.5 CONSIDERAÇÕES PRÁTICAS PARA EXTRAÇÃO EM FASE SÓLIDA EM LINHA

8.5.1 Construção de colunas

O desenho e as dimensões das colunas de extração em fase sólida influenciam o desempenho de sistemas de pré-concentração em linha. O desenho ótimo da coluna, para alcançar-se alta eficiência e baixo índice de consumo depende da sua capacidade. A capacidade de uma coluna é definida como a quantidade de analito que pode ser extraída por massa de adsorvente, sob condições de operação específicas (MARSHALL; MOTTOLA, 1985). A capacidade é influenciada por vários fatores, como a massa do adsorvente, as dimensões da coluna, o tamanho das partículas, a natureza do adsorvente, a vazão de amostragem, a temperatura e concentração do analito. A Figura 8.3 apresenta colunas com dois tipos de geometria usados em sistemas para separação em linha.

Figura 8.3 – Tipos de colunas para separação e pré-concentração em linha. T, tubo de tygon; F, espuma plástica ou rede; R, recheio; E, tubo de teflon; P, seção de uma ponteira de micropipeta; S, tubo de silicone.

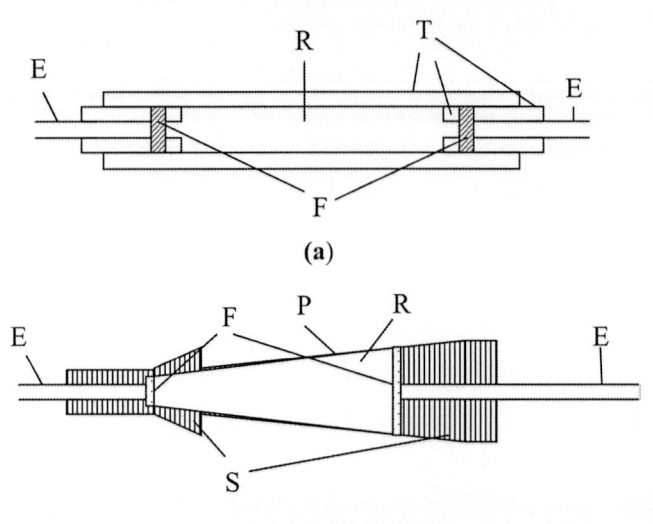

Fonte: Fang (1993).

Em geral, colunas longas e finas geram maiores capacidades de sorção do que colunas curtas e largas. Uma maneira conveniente de expressar as características dimensionais de uma coluna é calcular o quociente entre o comprimento (L) e o diâmetro interno (d) da coluna. Colunas com altos coeficientes L/d acarretam maiores capacidades de sorção do que aquelas com baixos quocientes. Entretanto, os fatores de enriquecimento proporcionados com altas razões L/d podem ser limitados pelas extensas pressões geradas a altas vazões de carregamento. O efeito das dimensões da coluna na capacidade de sorção pode ser interpretado como um efeito difusional. Com pequenos quocientes L/d, a vazões relativamente altas, a difusão radial dentro da coluna ocorre de forma muito rápida para ocupar os sítios de sorção disponíveis. Em vazões menores (ou maiores quocientes L/d), a maioria dos sítios é ocupado pelo analito, e um gradual aumento na capacidade de sorção é observado (FANG, 1993; LEMOS, 2001).

Partículas da fase sólida de pequeno tamanho, em geral, aumentam a capacidade de sorção. No entanto, o resultante aumento na pressão do sistema promovido pela coluna impede o uso de partículas muito pequenas. Para recheios com propriedades cinéticas favoráveis, um compromisso razoável pode estar em um tamanho da partícula de 80 a 100 mesh, a uma vazão de carregamento de 8 a 9 mL.min^{-1}.

8.5.2 Vazões de carregamento da coluna

A vazão de carreamento da amostra para a coluna influencia a quantidade de analito extraído principalmente devido ao transporte de massa e fatores relacionados à cinética de reação com a fase sólida. Embora altas vazões de carregamento sejam desejadas para aumentar a massa do analito sorvida, a fim de se alcançar altos fatores de enriquecimento e eficiência de concentração, as vazões de carregamento são limitadas pelas características cinéticas de sorção do recheio e pela capacidade do sistema de bombeamento em manter o fluxo estável sob altas pressões. Na maioria dos casos, os requerimentos cinéticos são o fator limitante apesar de se poderem utilizar bombas peristálticas de boa qualidade, permitindo assim o bom desempenho do sistema até em altas pressões.

Vazões de carregamento excessivamente altas inevitavelmente provocará uma baixa retenção dos analitos, por causa do insuficiente tempo de contato entre amostra e recheio, antes que a capacidade de sorção tenha sido alcançada. A Figura 8.4 mostra as capacidades de uma coluna em função da vazão de carregamento (FANG, 1993; LEMOS 2001). Um decaimento aproximadamente exponencial é observado quando a vazão aumenta.

Figura 8.4 – Capacidade de uma coluna em função da vazão de carregamento. Foi utilizado um sistema em linha para determinação de cobre por FAAS empregando coluna de sílica impregnada com 8-quinolinol.

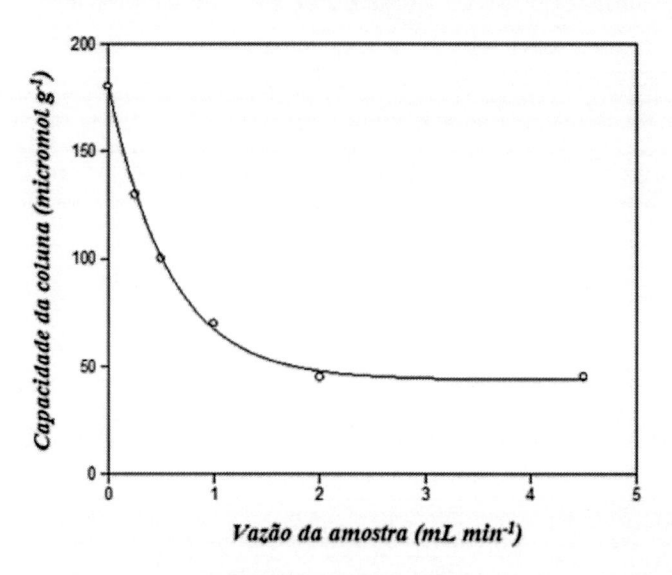

Capacidade da coluna (micromol g^{-1}) vs *Vazão da amostra (mL min^{-1})*

Fonte: Marshall e Mottola (1985).

Aumentos na sensibilidade obtidos por aumento no volume da amostra serão, assim, parcialmente perdidos devido a um decréscimo no fator de transferência de fase, P. Com um tempo de carregamento definido, a quantidade do analito retido na coluna, refletido na resposta analítica do eluato, sempre alcança um valor máximo com um aumento na vazão de amostra na introdução baseada no tempo. Além desse ponto máximo, um aumento no volume de amostra leva a um decréscimo do sinal em virtude do insuficiente tempo de contato.

Para intervalos de pré-concentração variados, nos quais se fixa o volume que passa pela coluna, o sinal analítico permanece constante até um determinado valor de vazão. Além desse valor, há um decréscimo no sinal, pois o tempo de contato entre as fases já não é mais suficiente (LEMOS, 2001b), como pode ser observado na Figura 8.5. Embora a completa retenção do analito não seja um requisito para procedimentos em linha, sistemas com valores de P excessivamente baixos são mais vulneráveis a interferências.

Figura 8.5 – Sinal analítico em função da vazão de carregamento, em volume de amostra num sistema em linha para determinação de cádmio por FAAS, utilizando extração com coluna de espuma de poliuretano impregnada com 2-(2-benzotiazolilazo-p-cresol). O volume da amostra foi mantido constante.

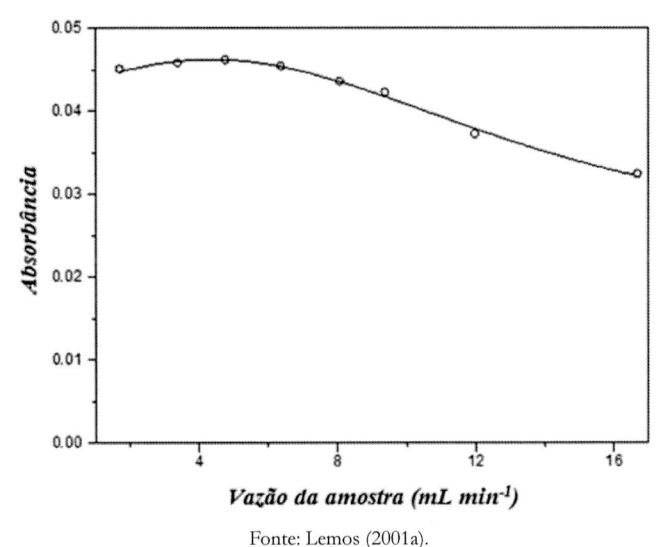

Vazão da amostra (mL min^{-1})

Fonte: Lemos (2001a).

8.5.3 Lavagem da coluna e equilíbrio

Nos procedimentos em batelada para pré-concentração em coluna, quase sempre estão inclusos dois estágios de lavagem da coluna: um antes e outro após o carregamento da amostra. As colunas são geralmente levadas a atingirem o equilíbrio por lavagem com solução-tampão de pH requerido para a pré-concentração, e lavadas novamente para a remoção de componentes residuais da matriz. Em separações em linha, tais procedimentos são imitados usando-se uma solução tampão como carreador que, por sua vez, atua como uma solução de lavagem em métodos de introdução da amostra baseados em volume. Entretanto, este procedimento impede o uso de introdução da amostra baseada em tempo, ou requer sistemas sofisticados com linhas separadas para lavagem, o que iria comprometer a eficiência (FANG, 1993; LEMOS, 2001a).

A lavagem e/ou equilíbrio não têm mostrado qualquer vantagem em termos de sensibilidade e precisão sobre alguns sistemas mais simples sendo que estes continuam eficientes sem tais sequencias (FANG; XU; ZHANG, 1987). Quando um estágio de equilíbrio é excluído, a perda do analito não pode ser evitada durante o estágio inicial da pré-concentração, em razão das condições de pH criadas durante a eluição anterior. No entanto, essa perda é reprodutível e isto torna possível uma análise confiável. Como as amostras são usualmente tamponadas durante a pré-concentração, a perda de analito não é excessiva e o equilíbrio pode ser alcançado em poucos segundos. Ademais, isso resulta num sistema mais simples e eficiente.

A lavagem de colunas com água após a etapa de carregamento pode criar perdas do analito por causa de desvios do pH ótimo, mas não produz qualquer efeito favorável com a maioria dos sistemas que utilizam detecção por FAAS. A lavagem com água após o carregamento pode ser válida para sistemas de detecção nos quais os componentes residuais da matriz podem interferir na determinação final no eluato (YAN; SPERLING; WELZ, 1999). A lavagem ou o uso de um carreador para transportar a amostra para a coluna também é frequentemente necessária em aplicações espectrofotométricas para prevenir efeitos de matriz.

A lavagem após o carregamento é também indispensável em sistemas em linha para alguns sistemas de detecção como GFAAS e ICP OES, especialmente quando a amostra contém uma quantidade considerável de sólidos dissolvidos. Quando água do mar foi analisada sem lavagem da coluna antes da eluição, num sistema para a determinação de cádmio após pré-concentração em coluna de sílica C_{18}, a absorção de background resultante foi tão intensa que as correções não foram satisfatórias (MA; VANMOL; ADAMS, 1996). Os sais remanescentes da matriz na coluna foram removidos por lavagem, reduzindo, deste modo, sua contribuição para o background e eliminando sua interferência, de acordo com a Figura 8.6.

Figura 8.6 – Efeito da lavagem da coluna na recuperação de cádmio de água do mar.

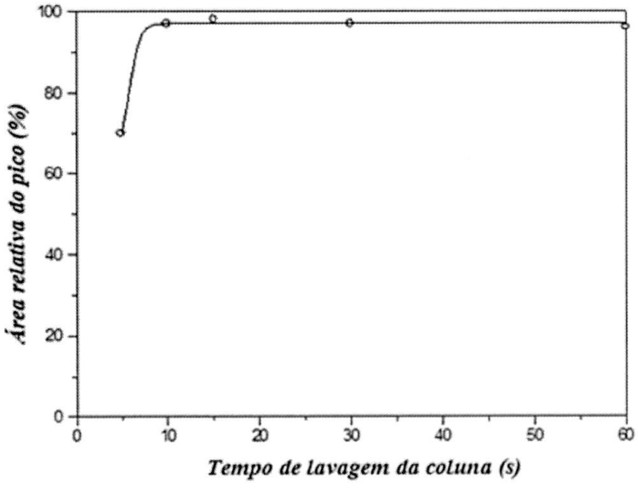

[Gráfico: Área relativa do pico (%) vs. Tempo de lavagem da coluna (s)]

Fonte: Ma, Vanmol e Adams (1996).

8.5.4 Eluição

8.5.4.1 Requerimentos do eluente

As seguintes características devem ser observadas na escolha de um eluente em sistemas de pré-concentração, com base na extração em fase sólida em linha (FANG, 1993; LEMOS, 2001):

Na eluição em linha, os fatores cinéticos são muito mais importantes que em procedimentos em batelada. Eluentes fracos, que requerem longos períodos de equilíbrio, podem ser usados em procedimentos em batelada, mas não em procedimentos em linha, pois eluições lentas podem prejudicar significativamente os fatores de enriquecimento ou eficiências de concentração. A Figura 8.7 mostra a influência que o tipo de eluente pode impor ao sinal analítico.

O eluente não deve atacar o recheio por, pelo menos, após centenas de eluições.

Soluções de ácidos ou bases altamente concentrados podem ser eluentes efetivos e podem não ser prejudiciais ao recheio; no entanto, estes podem criar problemas com alguns detetores, como o FAAS, através de corrosão ou bloqueios. Modificação ou diluição de eluatos devem ser avaliadas, levando-se em consideração a preservação do detector e magnitude do sinal analítico.

Efeitos Schlieren que ocorrem na interface da amostra e eluente em determinações espectrofotométricas podem representar uma séria fonte de interferências. Além disso, o índice de refração do eluente deve ser o mais aproximado da amostra, nestes procedimentos.

Em FAAS, solventes orgânicos podem criar efeitos de aumento adicionais, e tal fato pode ser convenientemente explorado para criar fatores de enriquecimento mais altos na pré-concentração. Esta característica deve ser levada em consideração na escolha do eluente (CASSELLA et al., 1999a). A Figura 8.8 ilustra bem esse fenômeno.

Figura 8.7 – Sinais obtidos na dessorção de molibdênio em coluna de espuma de poliuretano utilizando diferentes eluentes.

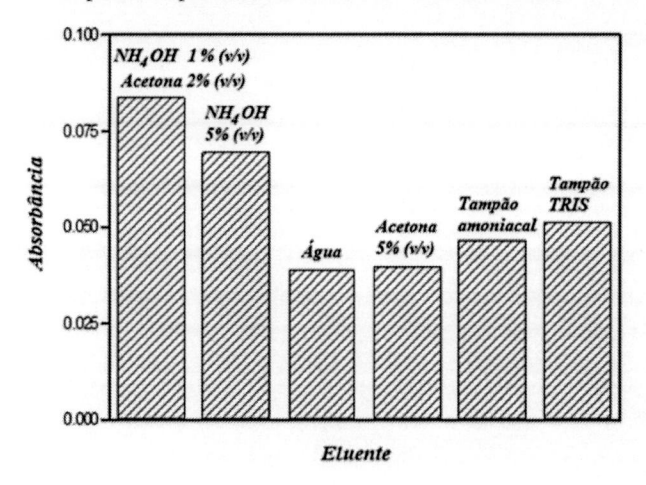

Fonte: Lemos et al. (2001a).

Figura 8.8 – Sinais obtidos com diferentes eluentes na pré-concentração de zinco em meio de tiocianato com coluna de espuma de poliuretano.

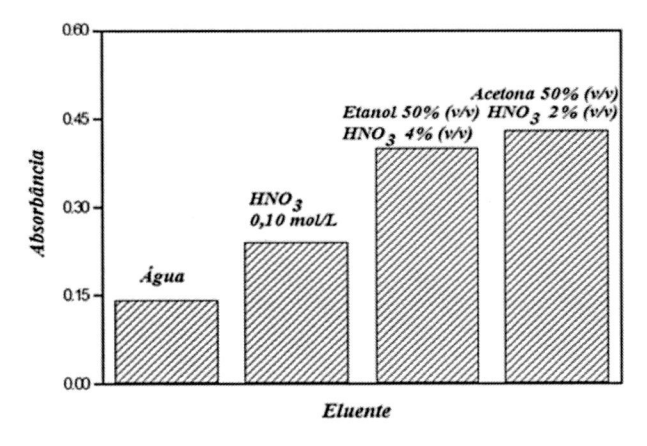

Fonte: Lemos et al. (2001a).

8.5.4.2 Vazão de eluição

A velocidade de eluição é um fator crucial para a eficiência de sistemas de pré-concentração em linha porque, na maioria dos casos, o fluxo de eluente é conectado diretamente com o detector. Isso é particularmente importante para sistemas de detecção que requerem certa vazão de introdução de amostra para resposta ótima, como espectrômetros de absorção atômica com chama ou com plasma indutivamente acoplado. Nestes casos, o processo de eluição não pode ser otimizado independentemente, como ocorre em procedimentos em batelada. A vazão ótima para diferentes espectrômetros de absorção atômica com chama varia de 4 a 10 mL.min^{-1}. Usualmente, tais vazões são relativamente altas para provocar suficiente tempo de contato entre o eluente e o sorvente, a fim de ocorrer a dessorção. As vazões ótimas de dessorção, que resultam em máxima sensibilidade, são quase sempre menores que o fluxo de introdução da amostra (2 a 4 ml min^{-1}). A vazão ótima de eluição é, assim, um compromisso entre as duas condições. As velocidades da eluição podem ser mais altas quando os eluentes mais fortes são aplicados, de acordo com a Figura 8.9, ou quando os analitos são mais fracamente sorvidos (LEMOS, 2001a).

Figura 8.9 – Sinal analítico em função da vazão de eluição, num sistema em linha para determinação de chumbo por FAAS utilizando extração com coluna de espuma de poliuretano impregnada com 2-(2-benzotiazolilazo-p-cresol). A faixa de pH para retenção é de 6,75 a 9,25. Foi utilizada como eluente, solução de HCl 0,1 mol / litro.

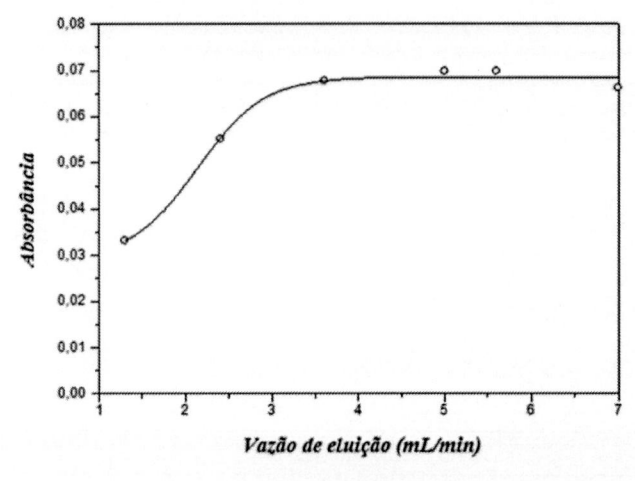

Fonte: Lemos (2001a).

Quando o detector não demanda uma vazão específica (como nas técnicas espectrofotometria de absorção ou fluorescência molecular), a vazão ótima para eluição dependerá da forma como o analito está fortemente retido na fase sólida, e na força de dessorção do eluente. Quando o máximo fator de enriquecimento é desejado, baixas vazões de eluição o favorece, principalmente quando o analito é fortemente retido na coluna, pois o aumento da vazão somente aumentará a dispersão, o que resulta em picos menores e mais largos (JESUS et al., 1998).

8.6 CONFIGURAÇÕES DE SISTEMAS EM LINHA USANDO EXTRAÇÃO EM FASE SÓLIDA

8.6.1 Separação de interferentes em linha

A grande maioria dos trabalhos realizados com sistemas em linha por extração em fase sólida é voltada para separação e pré-concentração do analito. No entanto, as colunas recheadas com fases sólidas também podem ser empregadas para separação seletiva de substâncias interferentes, deixando apenas o analito prosseguir no sistema em uma solução mais simples.

Um procedimento foi proposto para a determinação espectrofotométrica de alumínio, após a retenção dos interferentes sob a forma de tiocianatos complexos em uma minicoluna de espuma de poliuretano (CASSELLA et al., 1999 b). O sistema é representado na Figura 8.10. No sistema, a amostra (S) é misturada com uma solução de tiocianato (R_1) e a mistura passa pela minicoluna. Os íons interferentes são sorvidos e o efluente que contém alumínio (III) (não sorvido, porque o complexo desse íon com tiocianato não é formado nessas condições) enche a alça (L). Após 90 segundos, as posições das válvulas são mudadas. A amostra é transportada da alça por uma solução carreadora (CR) e misturada com solução de azul de metiltimol (R_2), em um reator AS mantido em um banho termostatizado a 60° C, e os sinais são medidos a 528 nm. Enquanto isso, uma solução de limpeza (CL), constituído por etanol, água e ácido clorídrico, retira os interferentes da coluna. Utilizando esse procedimento, foi possível determinar alumínio em silicatos e minérios, em presença de Fe (III), Zn (II), Cu (II) e Co (II).

Figura 8.10 – Sistema para determinação espectrofotométrica de alumínio após separação de interferentes por extração em fase sólida com minicoluna de espuma de poliuretano. S, amostra; R_1, reagente complexante; W, descarte; CL, solução de limpeza; CR, carreador; C, coluna; L, loop de amostra; R_2, reagente cromogênico; R, bobina de reação em banho termostatizado a 60°C; V_1 e V_2, válvulas de seis portas; D, espectrofotômetro.

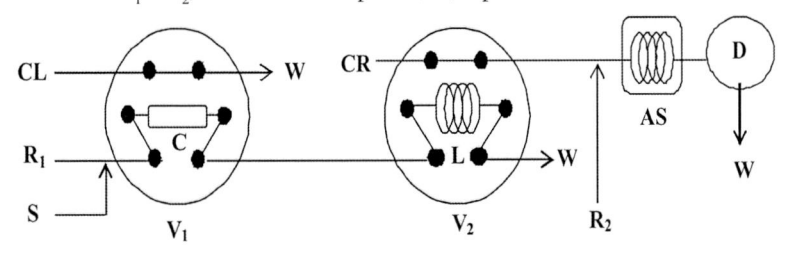

Fonte: Cassela et al. (1999).

A limpeza em linha usando colunas de fases sólidas pode ser utilizada para diferentes sistemas de separação/pré-concentração, que também podem se basear em outros princípios, como separação gás-líquido e líquido-líquido. O sistema da Figura 8.11 utiliza uma coluna de troca iônica em linha para remover metais interferentes na determinação de arsênio e selênio, usando um sistema de geração de hidretos, que também tem incorporado um separador gás-líquido (FANG, 1993).

Figura 8.11 – Sistema para remoção de metais interferentes na determinação de arsênio e selênio com um sistema de geração de hidretos. S, amostra; C, coluna; CR, tampão carreador; A, solução de ácido; R, redutor; L, bobina de reação; SP, separador gás-líquido; Ar: fluxo de argônio; AAS, atomizador de quartzo aquecido.

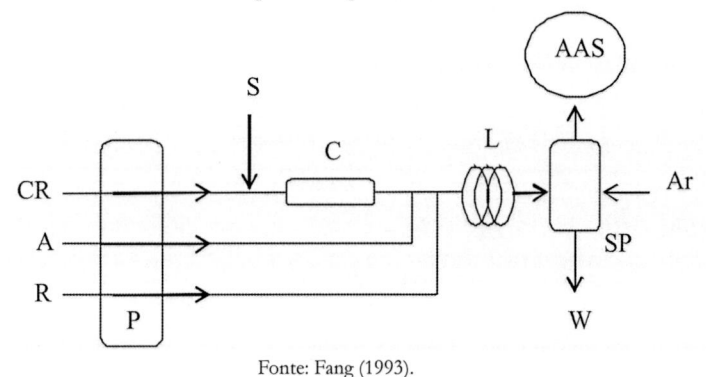

Fonte: Fang (1993).

8.6.2 Sistemas de extração em fase sólida em linha acoplados às técnicas analíticas

8.6.2.1 Técnicas de espectrometria molecular

O espectrofotômetro de absorção no ultravioleta-visível se constitui em um sistema de detecção de larga aplicação na extração em fase sólida em linha possibilitando a determinação de espécies orgânicas e inorgânicas. Como já foram abordadas anteriormente, as principais dificuldades no uso de detecção espectrofotométrica surgem: (1) da variação do índice de refração entre amostra e eluente, ou seja, o efeito Schlieren e (2) da necessidade de, em diversas aplicações, haver a uma reação para que ocorra a formação de um produto colorido.

Lemos e Gama (2010) desenvolveram um sistema em linha para determinação de baixas concentrações de urânio em amostras de águas e efluentes por espectrofotometria no visível. O sistema se baseia na pré-concentração do metal em uma coluna recheada com Amberlite XAD-4 (uma resina poliestireno divinilbenzeno) modificada com β-nitroso-α-naftol em pH 7 e desorção do analito com solução ácida. Uma reação pós-coluna com Arsenazo III é realizada para o desenvolvimento de um produto que foi medido espectrofotometricamente em 650 nm. As etapas de carregamento da amostra nos sistema e eluição são apresentadas na Figura 8.12. O limite de detecção e fator de enriquecimento foram 1,8 μg L^{-1} e 10 respectivamente.

Outros exemplos de aplicação da determinação espectrofotométrica após extração em fase sólida em sistemas em fluxo são: a determinação de ortofosfato em níveis de concentração nanomolar em água de mar, determinação de catecol em amostras de guaraná em pó, chá e água potável, determinação de nicotina em urina de fumantes, determinação de alumínio em extratos de solos e águas subterrâneas entre diversas aplicações.

Para as técnicas de fluorescência molecular e quimiluminescência, geralmente não há problemas com o efeito Schlieren provocado pelo eluente necessário para extração do analito da coluna, pois a coleta de radiação emitida pelo analito é feita perpendicularmente à direção do fluxo. No entanto, várias vezes tornam-se necessário o ajuste das condições químicas do eluato para que ocorra a reação que gerem moléculas que sejam fluorescentes ou quimiluminescentes.

Figura 8.12 – Diagrama do sistema de pré-concentração em linha para determinação de urânio. S, amostra; E, eluente; R, solução de Arsenazo III; P, bomba peristáltica; C, minicoluna recheada com XAD4/β-nitroso-α-naftol; V, válvula de seis portas; T, ponto de confluência; SP, espectrofotômetro; W, descarte. A: válvula na posição de carregamento; B: válvula na posição de eluição.

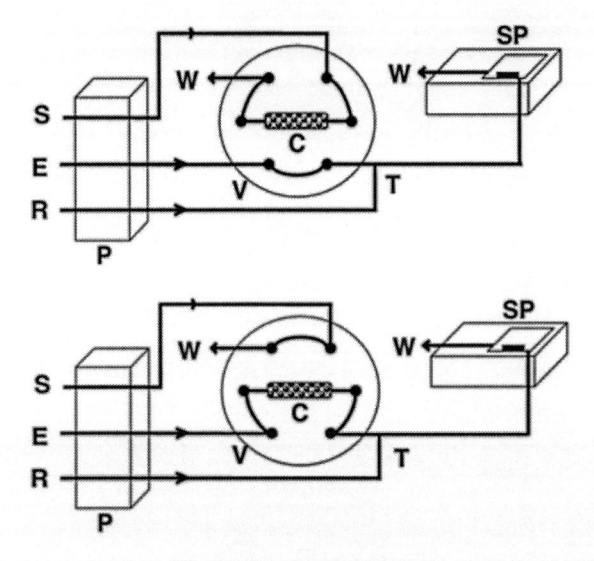

Fonte: Lemos e Gama (2010).

Díaz, Valenzuela e Salinas (1999) desenvolveram um sistema de pré-concentração em fases sólida e quantificação do pesticida Naptalam em águas de rio usando a detecção espectrofluorimétrica. Durante a etapa de carregamento da amostra, os íons dos analitos são adsorvidos em linha em uma coluna de sílica modificada com C_{18} e eluído com um pequeno volume de acetonitrila. O sistema demanda a hidrólise do pesticida em meio ácido em um reator aquecido à 100°C e posterior ajuste do pH com tampão amoniacal, pois o produto da decomposição fluoresce apenas em meio alcalino. Os comprimentos de onda de excitação e emissão de fluorescência são 276 e 444 nm respectivamente. O sistema permitiu a determinação do pesticida em níveis de ppb.

8.6.2.2 Técnicas de espectrometria atômica

A técnica convencional de introdução da amostra para espectrometria atômica é a nebulização pneumática. A nebulização eficiente demanda um fluxo de aspiração adequado da solução para a quebra do filme líquido em gotículas. Quando um sistema com base no uso de colunas de fase sólida é acoplado á introdução da amostra por nebulização, o fluxo do sistema de separação em linha deve ser compatível com o fluxo da técnica analítica usada. Deve ser também considerado a velocidade de eluição do analito que, por sua vez, depende da força do eluente. Destarte, o fluxo de eluição do analito na coluna e o fluxo de introdução da amostra no equipamento devem ser otimizados simultaneamente. Os sistemas de análise em fluxo usados em FAAS podem ser facilmente adaptáveis para ICP OES, ajustando-se as vazões de eluições para valores mais baixos. Isto é necessário porque, para a espectrometria de emissão com fonte de plasma, a vazão de eluição do analito é muito mais crítica que em FAAS (LEMOS, 2001a).

Técnicas de espectrometria atômica como sistema de detecção após separação/pré-concentração por extração em fase sólida em linha traz as seguintes vantagens: (1) pronta determinação sem a necessidade de reações pós-colunas para permitir a detecção do analito; (2) a baixa possibilidade de interferências espectrais; (3) alta seletividade; (4) alta freqüência analítica e (5) alto desempenho.

Karbasi et al. (2009) realizaram a determinação multielementar simultânea de trinta e cinco elementos-traço em amostras ambientais por ICP OES, após pré-concentração desses elementos, por meio do uso de uma coluna preenchida com octadecil ligada a sílica gel e modificada com o ácido tricarboxílico aurin (Aluminon). O sistema é apresentado na Figura 8.13. Os limites de detecção variaram de 2 a 300 ng L^{-1} com fatores de enriquecimento de até cem vezes.

Figura 8.13 – Diagrama do sistema de pré-concentração acoplado ao ICP OES.

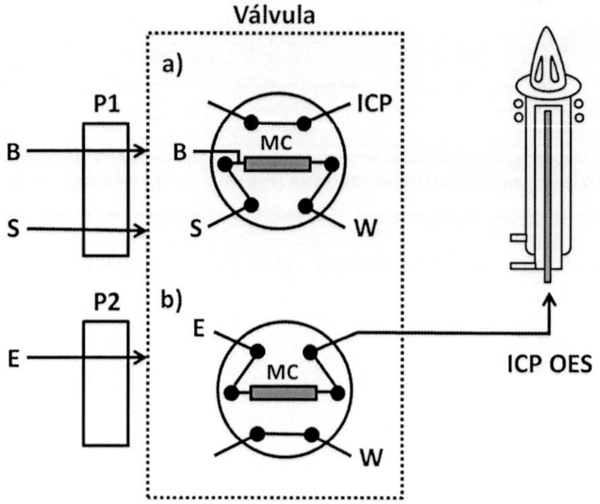

Fonte: Karbasi et al. (2009).

Sistemas que realizam a pré-concentração em linha por coluna de fase sólida e determinação por FAAS incluem a determinação de: Cd, Co, Cu e Mn em águas e amostras certificadas de cereais, usando uma resina funcionalizada (KARADAS; TURHAN; KARA, 2013), Cd em álcool combustível, empregando-se sementes como biosorvente (ALVES et al., 2010); Pb em águas e ervas medicinais, utilizando nanotubos de carbono multicamadas (BARBOSA et al., 2007); Cr (VI) em efluentes, por meio do uso de sílica mesoporosa modificada (WANG et al., 2012); Zn em amostras aquosas, biológicas e de alimentos, usando uma resina quelante (YILMAZ et al., 2013).

O uso de GFAAS como sistema de detecção em análise por injeção em fluxo requer condições especiais no desenho e operação na pré-concentração que usa colunas de extração em fase sólida. Em contraste aos atomizadores do FAAS, que são detectores de fluxo, o atomizador do GFAAS, por sua natureza, opera, normalmente, em batelada. Desta forma, a detecção do analito não pode ser realizada em fluxo contínuo como em FAAS, mas é operada em paralelo e sincronizada com a pré-concentração/eluição, de forma descontínua (LEMOS, 2001a).

Os volumes de amostra que pode ser convenientemente e reprodutivelmente processados em forno de grafite são bem menores que no FAAS, sendo que o volume máximo permitido pela técnica não é maior que 100 µL. O eluato obtido após extração do analito da coluna apresenta volumes bem maiores que este. Esta limitação pode ser contornada introduzindo-se somente a fração mais concentrada do eluato no forno, descartando o restante, pois é impossível completar a eluição com volumes tão pequenos, mesmo usando pequenas colunas. A Figura 8.14 ilustra como escolher a fração do eluato mais concentrada em relação ao analito. Devido à dispersão pós-coluna, a banda que contém o analito se dispersa em um volume do eluente maior do que pode ser introduzido no forno de grafite.

Através de estudos com base no sinal de absorbância e no volume recolhido para obtê-lo, descarta-se os volumes correspondentes à região anterior e à região posterior ao sinal máximo do gráfico registrado na forma de pico. A extensão da "janela" do volume do eluato recolhido dependerá do volume a ser injetado no forno e do perfil do pico obtido (FANG, 1993).

Pedro et al. (2008) desenvolveram um sistema de pré-concentração em linha automatizado usando-se uma micro-coluna preenchida com Dowex 1X8, para determinação de telúrio em água potável por GFAAS (Figura 8.15). Neste sistema, um circuito conectado na porta serial de um computador foi usado para controlar três válvulas solenóides e a bomba peristáltica. Este circuito tem a função de comutar os fluxos da amostra e do eluente (ácido acético) e controlar o acionamento e desligamento da bomba. O sistema de pré-concentração em fluxo teve a interface com o auto amostrador do GFAAS, por uma simples conexão da linha que emerge da coluna à seringa do próprio auto amostrador do espectrômetro. O sistema apresentou um fator de enriquecimento de 42 vezes para um tempo de pré-concentração de 180s.

Figura 8.14 – Representação de procedimento para introduzir apenas a fração mais concentrada do eluato no forno de grafite usando-se o gráfico sinal versus absorbância.

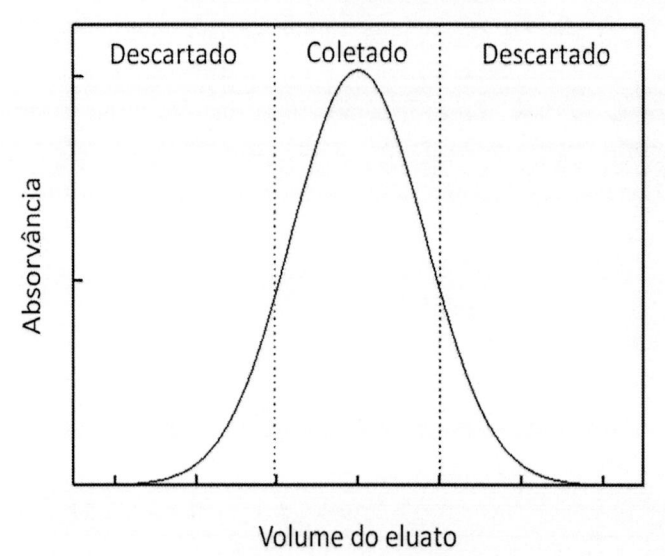

Fonte: Adaptado de Fang (1993).

Figura 8.15. Sistema de injeção em fluxo e sequências de operações para pré-concentração/determinação de telúrio. (a) lavagem da coluna, (b) carregamento da coluna com solução da amostra, (c) eluição e (d) injeção no forno de grafite.

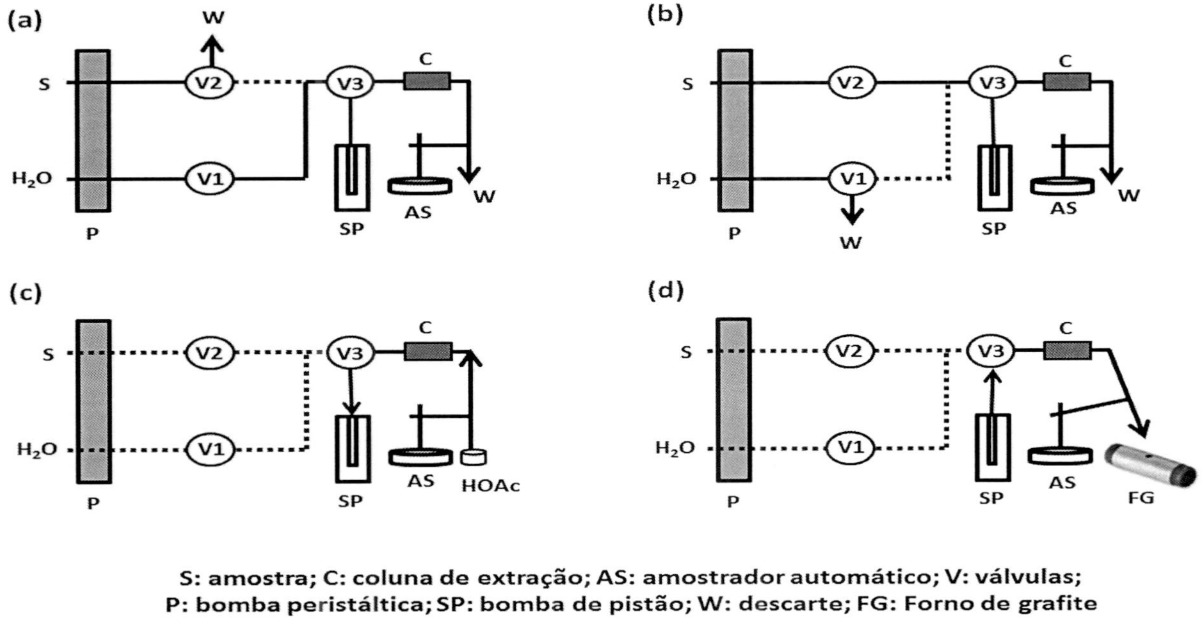

S: amostra; C: coluna de extração; AS: amostrador automático; V: válvulas;
P: bomba peristáltica; SP: bomba de pistão; W: descarte; FG: Forno de grafite

Fonte: Pedro et al. (2008).

8.6.2.3 Técnicas eletroquímicas

A aplicação de extração em fase sólida em linha com detectores eletroquímicos como os potenciométricos, na análise do eluato, traz vantagens como, por exemplo, o aumento da seletividade e sensibilidade nas determinações. Estes detectores não apresentam problemas com a diferença entre as composições das soluções da amostra e do solvente usado para extrair o analito da coluna. Eles, geralmente, não necessitam de reações para transformar o analito em espécies detectáveis. Os eletrodos de íon-seletivo atendem vários requisitos para detecção em linha como a resposta rápida, a seletividade ao analito, a robustez instrumental, etc. (LEMOS, 2001a).

Deve-se tomar cuidado com eluentes fortes e/ou corrosivos, pois eles podem diminuir o desempenho do detector eletroquímico e até mesmo danificá-lo. Uma alternativa para contornar este problema seria a correção do eluato com tampões para ajuste de pH quando o problema for a acidez/basicidade excessiva do elfuente que emerge da coluna. No entanto, deve-se avaliar a ocorrência de diluição excessiva, perdendo-se a pré-concentração obtida na coluna.

Exemplos de aplicações de eletrodos de íons seletivos como detectores após extração em fase sólida em linha são a determinação de surfactantes (MARTÍNEZ-BARRACHINA; VALLE, 2006), cobre (RISINGER, 1986), fluoreto (OKABAYASHI et al., 1989) em águas, etc.

8.6.2.4 Técnicas cromatográficas

O acoplamento da extração em fase sólida em linha com as técnicas cromatográficas como CG e CLAE reduz o tempo de preparo da amostra e, em decorrência, aumenta a frequência analítica. As etapas de condicionamento, carregamento, lavagem e eluição da coluna de extração podem ser automatizadas, permitindo assim a extração de amostra enquanto a outra está sendo analisada, simultaneamente (CHEN et al., 2007).

Ding et al. (2009) desenvolveram um sistema automatizado para extração em fase sólida em linha acoplado com a cromatografia líquida de alta eficiência com detecção por espectrometria de massa. O sistema foi utilizado para determinação de antibióticos em amostras de águas ambientais. A coluna da fase sólida tem a função de separar os antibióticos da matriz original. Em seguida, os analitos são extraídos dessa coluna e enviados para a coluna do sistema cromatográfico para suas separações, identificações e quantificações. O sistema é apresentado na Figura 8.16. O efeito de matriz foi avaliado pela injeção direta da amostra no sistema cromatográfico sem a prévia separação. Os autores chegaram à conclusão que o efeito de matriz foi drasticamente diminuído quando se usou o sistema de separação em linha proporcionando a obtenção de cromatogramas mais limpos e definidos.

Figura 8.16 – Diagrama da extração em fase sólida em linha acoplada ao sistema de cromatografia líquida de alta eficiência.

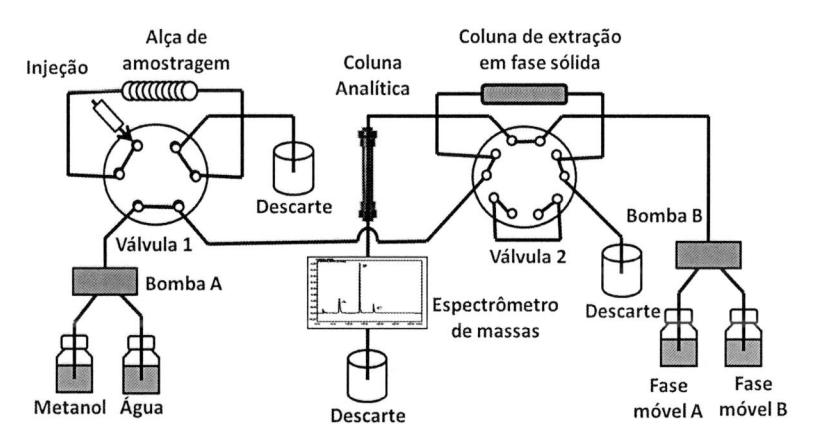

Fonte: Ding et al. (2009).

Sistemas semelhantes já foram empregados para determinação de pesticidas organoclorados em cereais, incluindo trigo, arroz, feijão e milho (BAGHERI; MOHAMMADI; SALEMI, 2004), determinação de ácido 5-hidroxiindole-3-acético em urina (JONG et al., 2008), determinação de paládio, platina, ródio e ouro como quelatos do 5-(2-hidroxi-5-nitrofenilazo)tiorhodanino em amostras de águas, urina humana, amostras geológicas e solo, compostos fenólicos em água potável e de rio (BAGHERI; MOHAMMADI; SALEMI, 2004), corante em águas, molho de tomate e salsicha (ZHAO et al., 2010), estrógeno em águas (WANG et al., 2008), quinonas em águas e urina humana (LARA; OLMO-IRUELA; GARCÍA-CAMPAÑA, 2013), entre outros.

Também podem ser encontrados sistemas de extração em fase sólida acoplados à cromatografia gasosa. Estes sistemas já foram usados para determinação de: micro contaminantes em águas (LOUTER et al., 1996), anti incrustantes em águas (POCURULL et al., 2000), terpenóides em vinhos (PIÑEIRO; PALMA; BARROSO, 2004), triazinas em águas (DALLÜGE et al., 1999), entre outros.

CAPÍTULO 9

SEPARAÇÃO E PRÉ-CONCENTRAÇÃO EM LINHA POR PRECIPITAÇÃO

9.1 INTRODUÇÃO

A precipitação é uma das técnicas de separação mais antigas usadas em química analítica. Contudo a sua importância e uso em laboratório como técnica de separação e pré-concentração de rotina têm sido reduzido em razão do surgimento de técnicas mais versáteis e eficientes como a extração em fase sólida, a qual pode ser automatizada sem muitas complicações.

As separações por precipitação requerem uma alta diferença de solubilidade entre o analito e os interferentes em potencial. Outras características são exigidas como a necessidade prática da precipitação ocorrer de forma rápida, a formação de precipitados constituído de partículas grandes e facilmente filtráveis, o precipitado ser pouco susceptível às perdas por redissolução durante a etapa de lavagem, entre outros.

Outro fenômeno, a co-precipitação, pode ser usado para superar as deficiências dos procedimentos de precipitação. A co-precipitação é um processo no qual, compostos normalmente solúveis, são extraídos da solução pela formação de um precipitado (chamado de coletor) que arrasta o analito juntamente com ele, separando-o da solução da amostra. A co-precipitação pode ser muito útil na pré-concentração de substâncias que, em quantidades traços, seria de difícil precipitação (SKOOG et al., 2006).

Procedimentos de precipitação e co-precipitação, tradicionalmente realizados em batelada, são trabalhosos, consomem muito tempo e requerem muita habilidade do operador. Em adição, quando métodos de co-precipitação são usados para separar ou pré-concentrar substâncias em quantidades traço, os procedimentos manuais podem gerar contaminação o que levaria a uma determinação inexata do analito. Apesar das desvantagens dos procedimentos em batelada baseados em precipitação, pouco se tem feito para automatizá-los provavelmente em razão das dificuldades em se projetar sistemas que realizem as etapas de precipitação, filtragem e re-dissolução de forma eficiente e reprodutível.

No entanto, as dificuldades relacionadas com a realização de procedimentos de precipitação em linha vêm sendo resolvidas de forma criativa pelos pesquisadores. O primeiro trabalho que utiliza a manipulação em linha da precipitação foi publicado por Petersson et al. (1986) no qual foi realizada a determinação indireta de sulfeto por FAAS através da formação do precipitado sulfeto de cádmio. Contudo, nesse trabalho a coleta do precipitado foi evitada para permitir que o precipitado coloidal passe por uma coluna trocadora de íons. Os primeiros trabalhos com base na coleta do precipitado e sua posterior dissolução foram realizados pelo grupo de Valcárcel no desenvolvimento de métodos indiretos para determinação de ânions (JIMENEZ; GALLEGO; VALCÁRCEL, 1987; MARTINEZ-JIMENEZ; GALLEGO; VALCARCEL, 1987) e constituintes orgânicos (MONTERO; GALLEGO; VALCÁRCEL, 1998; YEBRA; BERMEJO, 1998). Foram desenvolvidos também métodos para determinação de elemento majoritário (MOTOMIZU; YOSHIDA;TOEI, 1992) ou pré-concentração de elementos traço (SANTELLI; GALLEGO;

VALCARCEL, 1989; GONZÁLEZ; GALLEGO; VALCÁRCEL, 2001; YEBRA; ENRÍQUEZ; CESPÓN, 2000; BURGUERA et al., 2000; SANT'ANA et al., 2002)e redução de interferentes (DEBRAH et al., 1989). Na maioria das aplicações foi utilizado FAAS como detector. Alguns artigos de revisão já foram publicados abordando os fundamentos da análise química por precipitação em linha (VALCÁRCEL; GALLEGO, 1989; VALCARCEL; LUQUE DE CASTRO, 1987; VALCARCEL; GALEGO, 1989). Atualmente, procedimentos de separação e pré-concentração em linha com base no fenômeno da precipitação podem ser facilmente realizados em pouco tempo, consumindo muito pouco reagentes e com baixos riscos de contaminação aumentando a confiança nas determinações.

9.2 COMPONENTES DE UM SISTEMA QUE REALIZA PRECIPITAÇÃO EM LINHA

Além dos componentes normalmente encontrados em um sistema de análise química em fluxo (bombas, injetores, conectores, etc.), podem-se destacar dois componentes principais para realização da precipitação ou co-precipitação em linha: (1) a bobina que promove a mistura entre a amostra e o reagente precipitante e (2) o coletor de precipitado.

A Figura 9.1 apresenta o diagrama esquemático de um sistema de separação/pré-concentração em linha que se utiliza do fenômeno da precipitação.

Figura 9.1 – Equivalência entre as etapas realizadas em uma extração por precipitação em batelada e os elementos que realizam estas mesmas etapas em linha. P, bomba peristáltica; VI válvula injetora; S, amostra; F, filtro, B, bobina de misturas e W, descarte.

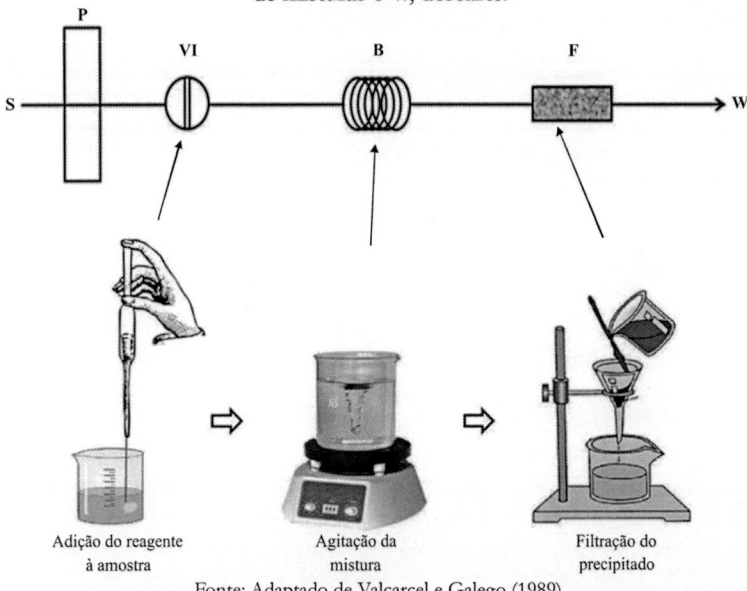

Adição do reagente à amostra — Agitação da mistura — Filtração do precipitado

Fonte: Adaptado de Valcarcel e Galego (1989).

Sem dúvida, o componente mais importante desses sistemas é o filtro coletor. O desenho e as dimensões desse dispositivo se constituem em fatores críticos que influencia o desempenho de todo o sistema. Um coletor de precipitados em linha deve apresentar as seguintes características: (1) ser capaz de coletar poucos miligramas do precipitado sem causar impedância do fluxo; (2) deve possuir um formato que permita que o precipitado coletado seja facilmente lavado e redissolvido; (3) deve ser confeccionado com materiais inertes para suportar a presença de diferentes reagentes e solventes; (4) ser robusto e permanecer estável após longo tempo de uso e (5) ser capaz de coletar diferentes formas de precipitado.

Os principais coletores de precipitado são: (1) os filtros de aço inoxidável; (2) os filtros de membrana descartáveis; (3) os filtros de leito empacotado e (4) os reatores enovelados (VALCÁRCEL; GALLEGO, 1989; FANG, 1993).

9.2.1 Filtros de aço inoxidável

São os mesmos filtros utilizados na purificação das fases móveis em cromatografia líquida de alta eficiência. O tamanho dos poros, a geometria e a área do filtro são fatores muito importantes na filtração do precipitado em linha. Poros muito largos (cerca de 300 micrômetros) geram resultados não reprodutíveis por que ocorrem perdas de partículas de precipitado que conseguem atravessar esses poros. Poros muito pequenos evitam perdas de pequenas partículas do precipitado, mas, por outro lado podem provocar maior impedância no fluxo quando o precipitado é coletado. Uma alternativa é aumentar a área de filtragem, mas isto pode ocasionar um alto volume morto no sistema. A Figura 9.2 apresenta um diagrama representando um desses filtros utilizados para coleta de precipitado em linha (VALCÁRCEL; GALLEGO, 1989; FANG, 1993).

Figura 9.2 – Diagrama de um filtro de aço inoxidável para coleta de precipitado em linha.

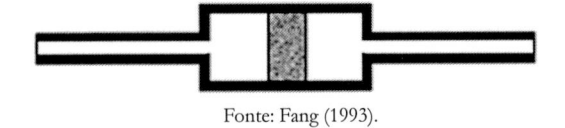

Fonte: Fang (1993).

9.2.2 Filtros de membranas descartáveis

Um filtro de membrana de nylon ou acetato de celulose (normalmente encontrado em seringas para filtração) pode ser usado para coleta de precipitados em linha. Entretanto, mesmo filtros com diâmetro de 3 mm podem causar sobrepressão no sistema por impedância no fluxo exigindo que se trabalhe com uma velocidade de fluxo muito baixa para não haver ruptura das conexões (FANG, 1993).

9.2.3 Filtros de leito empacotado

Os filtros de leito empacotado se constituem de tubos de teflon, Tygon ou outro material adequado, preenchidos com grãos de poliestireno, algodão ou polpa de papel filtro. A coleta efetiva de um precipitado é influenciada pelo tipo de recheio e pelo tamanho de suas partículas, pelo comprimento da coluna filtrante e pela velocidade de fluxo usada. O tamanho da coluna deve ser suficiente para coletar o precipitado sem grandes perdas sem, no entanto causar sobrepressão no sistema. A capacidade coletora desses filtros é muito baixa e por isso eles não são adequados para coletar grandes quantidades de precipitado. Outra desvantagem desses dispositivos surge da dificuldade de controlar e reproduzir o empacotamento do material que compõe o filtro. Como consequência, as condições experimentais otimizadas para um filtro pode não ser as mesmas quando ele é substituído por outro (VALCÁRCEL; GALLEGO, 1989; FANG, 1993).

9.2.4 Reatores enovelados

Reatores enovelados também podem ser utilizados para coleta de precipitados em linha. O reator coleta o precipitado nas paredes internas do tubo que o compõe por promoção da dispersão radial e limitação da dispersão axial. O mecanismo que permite a coleta pode ser descrito pelo surgimento de uma força centrífuga que joga o precipitado contra a parede do tubo em razão de um segundo fluxo que surge, quando o fluxo principal muda de direção e atravessa as diversas curvas do reator feitas em direções aleatórias. Outro fator que contribui para a forte aderência do precipitado nas paredes do tubo é a natureza hidrofóbica do material usado em sua construção e isto explica por que este coletor não é eficiente para todos os tipos de precipitado.

As principais vantagens do reator enovelado como coletores de precipitados são as seguintes: (1) baixa sobrepressão no sistema, mesmo utilizando-se altas razões de fluxo por inexistência de elemento que cause impedância (o reator é um tubo aberto); (2) perda de sensibilidade por causa da dispersão é negligenciável; (3) é livre de contaminação, pois é feito de material inerte; (4) é de fácil construção e apresenta baixo custo e (5) tempo de vida longo sem perder a eficiência (VALCÁRCEL; GALLEGO, 1989; FANG, 1993).

9.3 ALGUMAS CONSIDERAÇÕES PRÁTICAS SOBRE A PRECIPITAÇÃO/DISSOLUÇÃO EM LINHA

Uma das diferenças principais entre o procedimento de precipitação realizado em batelada e a realizada em linha é o tempo disponível para que a reação de formação do precipitado ocorra. No procedimento em batelada recomenda-se esperar o tempo necessário, mesmo que longo, para que a precipitação seja completa, formando precipitados com boas características de filtração e minimizando a contaminação. No entanto, na precipitação em linha as reações ocorrem em poucos segundos e, geralmente, não se conseguirão recuperações quantitativas do analito. Desse modo, essa característica não deve ser vista como uma desvantagem, pois os sistemas de análise em fluxo operam fora das condições de equilíbrio químico ou físico, bastando que as condições de análise sejam reprodutíveis. Alguns estudos têm mostrado que os efeitos de íons interferentes são menores com melhoria na seletividade em relação ao analito quando a precipitação é realizada em linha, fora das condições de equilíbrio. Dessa forma, a ocorrência de reações laterais indesejáveis é menor e apresenta pequena magnitude.

Outro aspecto interessante é à velocidade de dissolução do precipitado. Para procedimentos em batelada, esse fator não é importante, pois se dispõe de tempo necessário para realização da dissolução completa. Adicionalmente, para dissoluções extremamente lentas, pode-se submeter esse precipitado ao aquecimento na presença da solução no qual o mesmo será dissolvido. Entretanto, em procedimentos em linha, as dissoluções do precipitado devem ser rápidas para que se possam obter altas sensibilidades. Submeter o precipitado ao aquecimento para facilitar sua dissolução é um recurso limitado na dissolução em linha, pois pode haver a produção de bolhas de gás nos condutores o que poderia levar a perdas de precisão nas medidas realizadas.

O tipo de precipitado formado e a escolha do solvente de dissolução mais adequado são fatores crítico para o procedimento de precipitação/dissolução em linha. Em procedimentos em batelada, a formação de precipitados cristalinos é sempre preferida em relação aos precipitados gelatinosos. Isso acontece em razão das propriedades dos precipitados cristalinos como a facilidade de filtração e lavagem. No entanto, para sistemas em linha, recomenda-se a obtenção de precipitados gelatinosos. Segundo Fang (1993), os precipitados cristalinos entopem facilmente os poros dos filtros de aço inoxidável exigindo que o mesmo seja submetido ao banho de ultrassom após 20 determinações. Trabalhando-se com precipitados gelatinosos, o mesmo filtro pode ser utilizado por cerca de 250 determinações.

Os precipitados gelatinosos são formados por pequenas partículas, mas essas se aglomeram para formar agregados de dimensões muito grandes que podem ser facilmente filtrados em um sistema em linha. Esses precipitados são também menos compactos permitindo a fácil passagem da solução carreadora através do precipitado coletado no filtro de forma que uma quantidade maior de precipitado pode ser retida antes de causar impedância no sistema. Os precipitados gelatinosos, por possuírem uma grande área superficial, são também mais facilmente dissolvidos que os cristalinos.

O solvente usado para dissolução do precipitado deve ser compatível com o sistema de detecção usado para quantificar o analito. Nesse caso, a cinética de dissolução tem um papel muito importante no desempenho de um sistema de precipitação/dissolução em linha. Solventes fortes têm sido usados para que a exigência seja atendida. Essas exigências são menos rigorosas quando se usa espectrofotometria como técnica de detecção em fluxo, pois se pode trabalhar com baixas vazões. Em casos extremos, quando a dissolução é excepcionalmente lenta, pode-se programar uma etapa na qual o fluxo do solvente de dissolução pare na cavidade do coletor de forma a aumentar o seu tempo de contato como precipitado, levando a uma dissolução completa. É claro que o acréscimo dessa etapa irá diminuir a frequência de amostragem e a eficiência de concentração do sistema.

Quando se utiliza FAAS como técnica de detecção, o volume do solvente usado para dissolver o precipitado coletado deve ser o menor possível para que não haja diluição excessiva do analito com consequente perda de sensibilidade. Deve-se tomar cuidado também com o fluxo utilizado nessa dissolução, pois ele deve ser muito próximo do fluxo do nebulizador para evitar deficiência na geração do aerosol por falta de alimentação com o extrator que emerge do sistema em fluxo.

Em relação ao volume do reagente ou da amostra submetida ao processo de precipitação em linha, deve-se definir se o propósito do sistema é obter pré-concentração ou não. A amostragem baseada no volume é recomendada quando se deseja apenas a separação do analito. O uso de alças de grandes volumes não é vantajoso, pois o aumento de sensibilidade é limitado pelo comprimento da bobina de mistura. Volumes grandes de amostras além de diminuir a freqüência de amostragem ainda podem provocar o aparecimento de picos duplos por causa da quantidade insuficiente de agente precipitante.

A amostragem com base no tempo é recomendada quando se pretende obter altos fatores de pré-concentração. Assim, grandes volumes de amostras são pré-concentrados e melhoram os valores de parâmetros como EF, CE e CI. No entanto, o aumento desse volume diminui a frequência de amostragem e é limitado pela capacidade do dispositivo em coletar o precipitado.

A escolha da vazão de amostragem merece atenção nesses sistemas, pois muitos parâmetros de eficiência dependerão desse fator. Os valores ótimos tanto para amostragem com base no volume quanto aquela com base no tempo são bastante similares. Irá influenciar na escolha dessa vazão os seguintes fatores: (1) a sobre pressão causada pela impedância do coletor e do próprio precipitado devendo-se evitar a ruptura dos conectores; (2) a velocidade da reação de precipitação, pois reações lentas demandam fluxos mais lentos para não haver perda do analito e (3) o tipo e a quantidade de precipitado formado que, como já foi comentado, também pode causar impedância no sistema.

As dimensões da bobina que promove a mistura entre amostra e reagente precipitante também deve ser avaliada. O diâmetro interno da bobina deve ser largo o suficiente para não impedir a passagem da suspensão do precipitado. No entanto, quanto maior a largura da bobina, maior será a dispersão axial. Essa dispersão não representa um problema se o precipitado é posteriormente coletado (e, portanto concentrado) para posterior dissolução antes de seguir para o detector. No entanto, em sistemas onde a coleta do precipitado não é feita (um sistema não trivial), a dispersão do precipitado pode prejudicar a sua sensibilidade.

O comprimento da bobina irá depender da velocidade da reação de precipitação e das razões de fluxo das soluções da amostra e do reagente. Bobinas de longo comprimento criam impedância excessiva no sistema e deve ser evitada. Recomenda-se que o seu comprimento deve estar entre 30 e 100 cm (VALCÁRCEL; GALLEGO, 1989; FANG, 1993).

9.4 SISTEMAS EM FLUXO NÃO TRIVIAIS QUE SE BASEIAM NA FORMAÇÃO DE PRECIPITADO EM LINHA

Os sistemas analíticos que se baseiam em reações de precipitação em linha, geralmente apresentam duas etapas principais: a coleta do precipitado e sua posterior dissolução. Quando uma dessas etapas está ausente, o sistema é dito não trivial e possui particularidades que devem ser atendidas para seu melhor desempenho.

9.4.1 Sistemas com filtração em linha sem a dissolução do precipitado

Nestes sistemas, o precipitado formado na bobina é retido no filtro e não segue para o detector porque não há etapa de dissolução. Os precipitados formados pelas injeções de várias amostras e padrões vão sendo coletados no filtro até que esse atinja sua capacidade máxima de retenção. Quando isso acontece o filtro deve ser retirado do sistema e lavado para ser reutilizado novamente. O analito é determinado indiretamente através do decréscimo do seu sinal ou de uma espécie a ele relacionada em comparação ao sinal obtido na ausência de precipitação.

Desde que os resultados são baseados na diferença de duas medidas e os erros ocasionados por ruídos podem ser amplificados principalmente quando a concentração do analito é muito baixa. A Figura 9.3 apresenta um sistema em linha no qual o precipitado formado não sofre dissolução. Note que o sinal obtido é negativo em relação à linha de base (VALCÁRCEL; GALLEGO, 1989; FANG, 1993).

Figura 9.3 – Um sistema analítico com precipitação em linha sem a etapa de dissolução do precipitado. P, bomba peristáltica; S, amostra; F, filtro; B, bobina; Pr, reagente precipitante; R, reagente (opcional); D, detector; W, descarte.

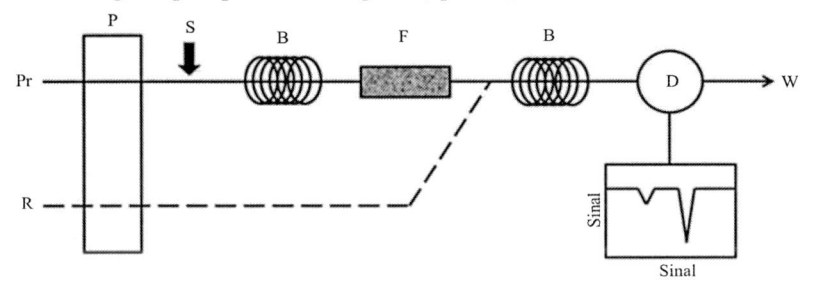

Fonte: Fang (1993).

9.4.2 Sistemas sem filtros com a dissolução do precipitado

A característica mais importante destes sistemas é a presença de um reator enovelado como coletor do precipitado formado em linha. Outra característica interessante é que o reator enovelado faz simultaneamente os papeis que seriam desempenhados pela bobina e pelo filtro. Utilizando-se esses reatores, os precipitados podem ser coletados quase que quantitativamente nas suas paredes internas dispensando o uso de filtros em linha (FANG, 1993).

9.4.3 Sistema sem filtros e sem dissolução do precipitado

Petersson et al. (1986) desenvolveram um sistema para determinação indireta de sulfetos usando FAAS. Os sulfetos são coletados usando-se uma coluna de troca iônica seguida pela precipitação do analito com cádmio. O precipitado coloidal formado é extraído e transportado pelo carreador em forma de suspensão até o detector onde é feita a leitura do cádmio, cujo sinal pode ser relacionado à quantidade de sulfeto presente na amostra.

CAPÍTULO 10

GERAÇÃO DE VAPOR EM LINHA PARA DETERMINAÇÃO ESPECTROMÉTRICA

10.1 INTRODUÇÃO

As técnicas de geração de hidretos e geração de vapor frio baseiam-se na separação do analito a partir da matriz por sua conversão em uma espécie volátil. Elas oferecem uma alternativa para realização de análise de traços dos elementos de grande interesse e importância na área ambiental, biológica e farmacêutica. Os elementos determinados por essa técnica são geralmente os que apresentam problemas de sensibilidade quando analisados por métodos tradicionais. Apesar de se exigir maiores cuidados com as interferências, as técnicas de geração de vapor apresentam surpreendentes vantagens como os limites de detecção extremamente baixos e a possibilidade de se realizar análise de especiação, com a utilização de um agente redutor adequado. A grande sensibilidade dessas técnicas em relação à nebulização tradicional decorre da alta eficiência de transporte do analito para o atomizador e também por evitar gastos de energia associados aos processos de dessolvatação e vaporização da solução da amostra encontrada no processo convencional que se baseia na nebulização (WELZ; SPERLING, 1999; SKOOG et al., 2002).

Elementos como As, Sb, Bi, Se, Te, Pb, Sn e Ge reagem com um agente redutor forte como o borohidreto de sódio, sendo quimicamente convertidos em seus hidretos. Os hidretos gasosos podem ser retirados separadamente da matriz da amostra (por um fluxo de gás inerte) e conduzidos para o atomizador. Uma célula de quartzo aquecida pela chama de um espectrômetro de absorção atômica é frequentemente utilizada para dissociação do hidreto anteriormente formado. Neste dispositivo, os elementos são atomizados e absorvem quantidade de radiação proporcional à sua concentração (SKOOG et al., 2002).

A geração de hidretos também pode ser usada em conjunto com técnicas, que utilizam plasma na atomização, como o plasma indutivamente acoplado à espectrometria de emissão óptica (ICP OES) e à espectrometria de massas (ICP-MS), principalmente para a determinação de arsênio e selênio que são os elementos que sofrem consideráveis interferências espectrais, causadas por radicais que se formam na chama do espectrômetro de absorção atômica. Entre as vantagens de se utilizar a técnica de geração de hidretos em ICP, está a possibilidade de determinação rápida e simultânea de vários elementos (CAMPBELL, 1992).

A técnica de geração de vapor frio é geralmente utilizada para a determinação de mercúrio. Esse elemento é quimicamente reduzido em átomos gasosos livres, também por reação com cloreto estanoso em um sistema reacional fechado e conduzido até a célula de absorção por um gás inerte. Como o mercúrio já chega à cela de absorção na forma atômica, não é necessário que a própria seja aquecida, daí vindo o nome "vapor frio".

Tradicionalmente, as técnicas de geração de vapor, foram introduzidas como procedimentos em batelada, mas essa abordagem apresentava muitos problemas. Nesse procedimento, a conversão do analito em seu hidreto acontece em meio ácido e em um recipiente reacional fechado por um tempo considerado satisfatório para completar a reação. Nessa abordagem, há possibilidades de ocorrer reações paralelas e interferências em maiores extensões (Figura 10.1). O próprio tetraborato poderia reagir com o ácido e formar hidrogênio que é um resíduo da formação de hidretos. Todos os passos das técnicas de geração de vapor podem ser completamente realizados em linha usando sistemas de injeção em fluxo trazendo comodidade, diminuição da possibilidade de contaminação, reduzindo o uso de reagentes e aumentando a frequência analítica (KELLNER et al., 1998).

Figura 10.1 – (a) Reações que ocorrem na geração de hidretos gasosos (ex: AsH_3, SnH_4 e SbH_3), e (b) possibilidades de ocorrência de reações laterais. As reações laterais podem ser superadas pela descriminação cinética em um sistema de injeção em fluxo.

(a) Geração de hidretos/atomização

$$As^{3+}, Sb^{3+}, Sn^{4+} \xrightarrow[\text{Ácido (HX)}]{BH_4} AsH_3, SbH_3, SnH_4$$

$$AsH_3, SbH_3, SnH_4 \xrightarrow{\text{Aquecimento}} As, Sb, Sn + nH_2$$

(b) Reações laterais/interferências

$$BH_4^- + 3HX + H^+ \longrightarrow BX_3 + 4H_2$$

$$Me^{2+} (Ni, Cu, Co) \xrightarrow[\text{Ácido (HX)}]{BH_4} Me^0 \text{(gerado lentamente)}$$

$$AsH_3, SbH_3, SnH_4 \xrightarrow{Me^0} As, Sb, Sn + nH_2$$

Fonte: Kellner et al. (1998).

Métodos com geração de hidretos em linha já foram desenvolvidos para especiação de selênio em águas e sucos de frutas por AAS (BURGUERA et al., 1996), determinação de arsênio e antimônio em urina por emissão óptica (ORELLANA-VELADO et al., 2001), especiação de antimônio em tecido biológico (PETIT DE PEÑA et al., 2001), determinação de bismuto em amostras de urina por ICP OES (MOYANO et al., 2001), determinação de arsênio em amostras de água mineral e potável por AAS após pré-concentração (NARCISE et al., 2005; RIBEIRO; VIEIRA; CURTIUS, 2005), entre outros.

10.2 Separadores gás-líquido para sistemas com base em geração de vapores atômicos

Nos métodos em linha com base na geração de vapor para a espectrometria atômica, a detecção é realizada na fase gasosa e necessita de um dispositivo para promover uma eficiente separação do analito gasoso da fase líquida. Esse dispositivo é denominado separador gás-líquido. Os diversos tipos de separadores gás-líquido baseiam-se na diferença de comportamento que ocorre quando uma mistura do analito gasoso e a solução da qual foi originado é impulsionada dentro de uma tubulação e encontra uma câmara formada pela expansão de suas paredes. Nessa câmara, enquanto o líquido por gravidade se direciona para a parte inferior (o descarte), o vapor é levado pelo gás carreador ao detector. Na Figura 10.2, é apresentado o esquema de um separador gás-líquido. No desenho e construção de um separador, deve-se levar em conta a vazão da mistura gás-líquido e as dimensões da câmara de expansão para evitar que o líquido entre acidentalmente no atomizador. Adicionalmente, o desempenho da separação pode ser aumentado ao colocar algumas pérolas de vidro na câmara e deixando-se um espaço superior para difusão do vapor. O empacotamento das pérolas dentro da câmara diminui a ocorrência de projeções bruscas do líquido por causa da reação de formação da espécie química gasosa, a formação de aerosol e a formação de espuma que são fenômenos que contribuem para introdução indesejada de líquido no atomizador (FANG, 1993).

10.3 Sistemas em linha para geração de hidretos

Aastroem (1982) propôs a incorporação em linha da geração de hidretos e determinação por espectrometria de absorção atômica. Uma configuração típica de um sistema para geração de hidretos e determinação por espectrometria atômica é apresentada na Figura 10.3. Esse sistema utiliza um separador gás-líquido comum, com base em câmara de expansão. No sistema apresentado, a solução da amostra deve ser pré-acidificada com HCl, injetada (entre 200 e 500 microlitros) e transportada em uma linha de HCl 1 mol L^{-1} que encontra com uma solução de boro hidreto de sódio (ou outro redutor forte) em um ponto de confluência ao passar por uma bobina para promover uma mistura mais eficiente entre os reagentes. Após a bobina, a solução proveniente da mistura com os vapores dos hidretos gerados emerge no fluxo de gás carreador e é conduzido ao separador gás-líquido. O hidreto, após separação, é levado até o atomizador (neste caso, um tubo de quartzo em formato T sobre a chama do AAS) para a detecção (KELLNER et al., 1998).

Figura 10.2 – Separador gás líquido por expansão do gás.

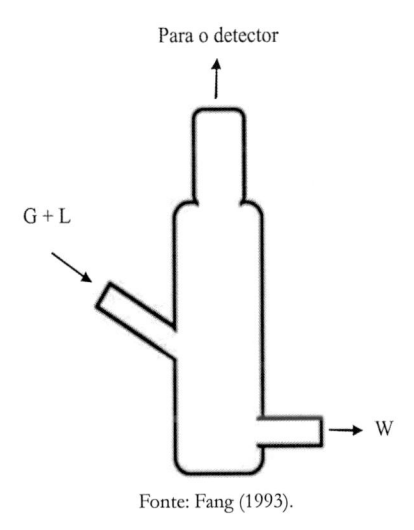

Fonte: Fang (1993).

Liversage et al. (1984) foram um dos primeiros a acoplar a geração em linha de hidretos com a técnica de ICP OES. A mistura reacional foi diretamente introduzida nesse sistema por um nebulizador pneumático convencional impulsionado por um fluxo de argônio. O nebulizador é acoplado a um separador gás-líquido em forma de U conectado a tocha do espectrômetro.

Em termos gerais, os métodos de geração de hidretos em linha, apresenta um melhor desempenho em relação aos métodos de batelada no que se refere à frequência de amostragem (2 a 3 vezes maior) e volume de amostra consumida (cerca de 20 vezes menor) para encontrar limites de detecção muito similares.

Outra vantagem do procedimento em linha é a sua maior tolerância às interferências provocadas pela presença de outros íons metálicos e a maior seletividade. Essa tolerância é cerca de duas ordens de grandeza maior que em sistemas de batelada por causa dos seguintes fatores: (1) o tempo da reação para formação do hidreto pode ser precisamente controlada pelo fluxo do reagente redutor e pelo uso de condutores curtos para favorecer as reações principais que são frequentemente rápidas em relação às reações laterais; (2) o sistema em linha por sua própria dinâmica diminui a possibilidade de acúmulo do metal interferente reduzido ou depósitos de boreto metálico que são conhecidas fontes de interferência nesta técnica e (3) a introdução de um menor volume de amostra também leva à incorporação de quantidades menores de interferentes no sistema que acaba competindo menos com o analito no processo de formação do hidreto e na atomização (este último pela formação de radicais livres) (KELLNER et al., 1998).

Uma séria possibilidade de interferência na geração de hidretos é a formação de metais livres ou precipitados de boretos metálicos, particularmente de Cu, Ni e Co. Se espécies iônicas destes metais estiverem presentes na solução da amostra, eles também poderão ser reduzidos pelo borohidrato de sódio resultando na formação de metais livres coloidais ou boretos metálicos que passam a agir como poderosos catalisadores na degradação de hidretos antes deles serem conduzidos para detecção. Contudo, em razão das condições dinâmicas que prevalecem nos sistemas em linha num curto tempo de residência da amostra no sistema, estas reações laterais podem ser drasticamente diminuídas ou eliminadas por discriminação cinética. No entanto, se essas reações laterais ocorrerem, o rigoroso controle de tempo e fluxo dos sistemas em linha irá garantir que o mesmo processo ocorrerá com todos os padrões e amostras, aumentando a precisão e exatidão das determinações (FANG, 1993). Outra forma de contornar o problema de interferentes é realizar a sua remoção em linha, utilizando-se uma coluna (STRIPEIKIS et al., 2001; BOLEA et al., 2006).

Figura 10.3 – Diagrama esquemático de um sistema para geração de hidretos e determinação por FAAS. SGL, separador gás-líquido; P1 e P2, bombas peristálticas; BR, bobina de reação; BM, bobina de mistura; RE, reator enovelado; IP, injetor proporcional; S, amostra; La, solução de La (III); ST, solução tampão e W, descarte. A bomba representada pelo retângulo pintado de cinza está ligada e a representada pelo retângulo branco está desligada.

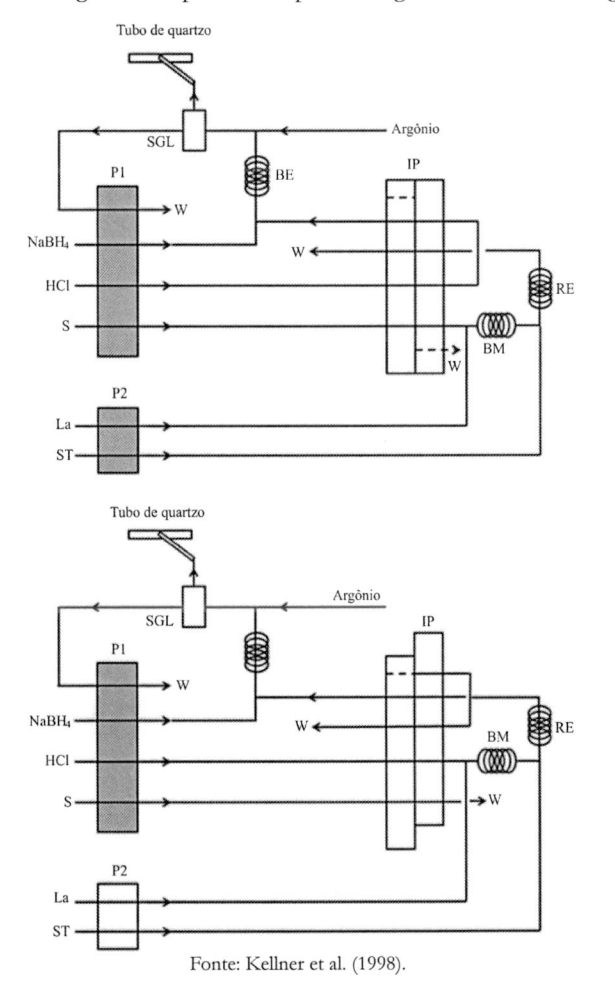

Fonte: Kellner et al. (1998).

10.4 Sistemas em linha para geração de vapor frio

Em princípio, os sistemas de geração de hidretos em linha podem ser transformados em sistemas de geração de vapor frio, usando uma cela de quartzo não aquecida. O mercúrio é o elemento largamente determinado, usando-se essa técnica em razão das suas propriedades físico-químicas. O vapor desse elemento existe na forma atômica à temperatura ambiente e, portanto, a sua determinação se baseia na redução da forma iônica a mercúrio elementar e transporte desse para a cela de absorção. Como a cela não é aquecida recomenda-se, geralmente, o uso de um dispositivo que possua um elemento dissecante após o separador gás-líquido a fim de evitar a condensação de água nas paredes do tubo de quartzo. Os excelentes limites de detecção alcançados (cerca de 0,01µg L^{-1}) aliados às vantagens e praticidade do sistema em linha fazem dessa técnica uma das mais recomendadas para determinação de mercúrio em amostras ambientais, nas quais esse elemento está em concentrações muito baixas (FANG, 1993).

Entre alguns métodos que realizam a geração de vapor frio em linha, pode-se citar: a determinação de mercúrio por ICP OES em suspensões de amostras biológicas e ambientais (SANTOS et al., 2005), determinação de mercúrio total e inorgânico em amostras biológicas e ambientais (RÍO-SEGADE; BENDICHO, 1999), determinação de mercúrio inorgânico em águas por espectrometria de fluorescência atômica (ZI et al., 2009),determinação de mercúrio inorgânico, metil e etilmercúrio em águas naturais (SARZANINI et al., 1994) entre outros.

CAPÍTULO 11

ANÁLISES DE ESPECIAÇÃO EM LINHA

11.1 INTRODUÇÃO

Até pouco tempo a concentração total de uma dada substância era considerada suficiente para se estabelecer considerações clínicas ou ambientais sobre seus efeitos. Embora em muitas áreas as concentrações totais sejam ainda utilizadas para avaliação de sua influência em diversos meios, o conhecimento de sua especiação tornou-se de grande importância. Isso aconteceu por que a toxicidade nos organismos vivos e a processos como à mobilidade, a biodisponibilidade, a bioacumulação e a biomagnificação de uma substância depender da espécie química envolvida (EBDON et al., 2001; GONZALVEZ et al., 2010).

Análise de especiação é definida pela IUPAC como procedimentos analíticos de identificação e/ou medida de quantidades de uma ou mais espécies químicas individuais em uma amostra. A definição de espécie química baseia-se em diferentes níveis de estruturas atômicas e moleculares nas quais as formas químicas de uma mesma substância podem se apresentar. Essas diferenças podem se manifestar em diferentes níveis de (1) composição isotópica, (2) estado eletrônico ou de excitação, (3) compostos inorgânicos e orgânicos e seus complexos, e (4) espécies organometálicas e compostos macromoleculares e seus complexos. Em resumo, a análise de especiação é a identificação e quantificação de formas físico-químicas de elementos ou substâncias químicas presentes na amostra (GONZALVEZ; CERVERA; LA GUARDIA, 2009).

A maior dificuldade encontrada na realização de análises de especiação é desenvolver um procedimento que não altere o equilíbrio químico entre as formas dos elementos existentes em uma dada matriz. Sendo assim, as concentrações das substâncias de interesse não devem se alterar e afetar a confiabilidade das determinações. O sucesso da análise de especiação é limitado pelas dificuldades em se estabelecer considerações sobre todos os fatores cinéticos, processos de adsorção, reações paralelas como a de polimerização e processos heterogêneos que a espécie pode sofrer. O próprio procedimento aplicado para determinação das espécies requer muitas vezes a conversão química do analito em uma espécie detectável, exigindo, dessa forma, a realização de etapas de separação ou outras manipulações que podem tornar o procedimento mais complexo (GOMEZ-ARIZA et al., 2001).

Os sistemas analíticos por injeção em fluxo possuem características que podem contornar dificuldades que são comumente encontradas na realização de análises de especiação. Um dos principais fatores que corrobora para utilização dos sistemas de análise por fluxo contínuo nesta tarefa é o tempo curto em relação a um procedimento manual convencional. Esse menor tempo de manipulação contribui para minimizar a alteração das concentrações de espécies em equilíbrio na matriz original. Os sistemas por injeção em fluxo possibilitam o fácil acoplamento de procedimentos não cromatográficos de separação ou outros dispositivos que irão permitir a diferenciação e consequente determinação das várias espécies químicas de interesse (CAMPANELLA; PYRZYNSKA; TROJANOWICZ, 1996).

11.2 CONSIDERAÇÕES GERAIS SOBRE A REALIZAÇÃO DE ANÁLISE DE ESPECIAÇÃO USANDO FIA

A literatura relacionada à análise de especiação em linha vem registrando uma larga variedade de sistemas analíticos, os quais apresentam os mais diversos desenhos e configurações para tornar possível a discriminação e detecção das diferentes espécies químicas de uma mesma substância.

A utilização de vários detectores, por exemplo, pode facilitar bastante a tarefa de quantificar as espécies de interesse onde cada um deles pode produzir seletivamente um sinal analítico correspondente a uma espécie química particular. Esses detectores podem ser arranjados em série, se a dispersão da amostra não for significativa, ou em paralelo, com o fluxo da amostra sendo dividida entre os canais condutores (geralmente dois). A Figura 11.1 exemplifica esses dois tipos de configuração.

Girard e Hubert (1996) desenvolveram um sistema FIA para análise de especiação do crômio em amostras de soldas usando dois detectores em série (um espectrofotômetro de absorção molecular e um espectrômetro de absorção atômica com chama). O sistema permite quantificar o Cr (VI) por colorimetria após reação com o reagente 1,5-difenilcarbo hidrazida e o Cr total por FAAS na própria amostra que emerge do detector anterior.

A determinação simultânea de Cr (VI) e Cr total em águas foi realizada por Campañaet al. (1985) usando detectores em paralelo (entre outras configurações). O sistema baseia-se na reação entre o Cr (VI) com o reagente 1,5-difenil carbazida. Cr (III) e Cr (VI) são discriminados pelo uso de dois fluxos. Em um desses fluxos, ocorre a oxidação do Cr (III) antes da reação colorimétrica (RUZ et al., 1986b).

Figura 11.1 – Sistemas FIA com mais de um detector para realização de análise de especiação (a) diagrama de sistema com detectores em série (b) diagrama de sistema com detectores em paralelo. P, bomba peristáltica; S, amostra; R, reagente cromogênico; ST1 e ST2, soluções tampão; B, bobina; D1 e D2, detectores e W, descarte.

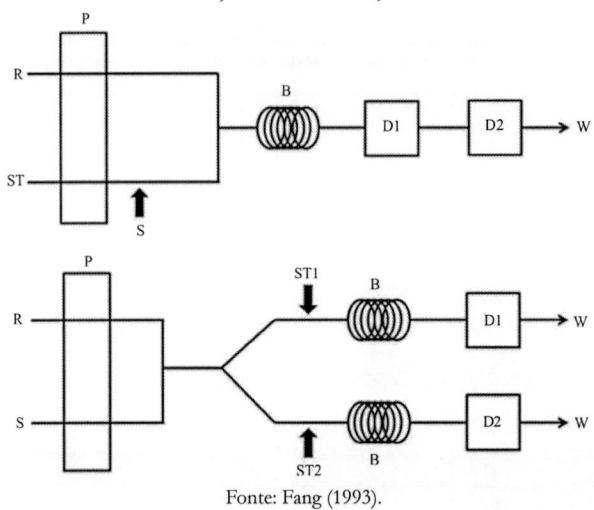

Fonte: Fang (1993).

A utilização de um único detector é mais comum. Os sistemas de detector único (mais simples) geralmente demandam a realização do pré-tratamento da amostra na bancada (*offline*) e se utilizam de artifícios como separações ou mascaramento para a diferenciação das espécies, já que o detector pode não ser específico. A manipulação em linha da amostra objetivando a análise de especiação e o uso de apenas um detector também é facilmente encontrada na literatura, porém, exige sistemas mais elaborados com desenhos mais complexos e dispositivos adequados que permitam a discriminação das espécies por conversão química. Entre os métodos de conversão química em linha, os mais comuns são os processos de redução/oxidação, sorção química seletiva ou retenção total das espécies seguida por sua eluição fracionada. A discriminação cinética é raramente utilizada por causa das próprias características de um sistema em fluxo (análise em curto tempo).

Os desenhos mais usados para manipulação em linha das amostras baseiam-se em injeções sucessivas de alíquotas da mesma amostra para a determinação de cada espécie em etapas separadas. O rearranjo desse sistema entre as injeções permite a obtenção de sinais correspondentes às diferentes formas químicas da substância. Sistema com a injeção de uma única alíquota também são encontrados. Nesse caso, ele deve possuir um dispositivo (ex: coluna recheada com material adsorvente) que promova a retenção de uma das formas ou a retenção total com eluição seletiva de uma das espécies (CAMPANELLA; PYRZYNSKA; TROJANOWICZ, 1996; BUBNIS; STRAKA; PACEY, 1983; LUQUE DE CASTRO, 1986; RUZ et al., 1986a).

11.3 ESPECIAÇÃO DE METAIS COM DIFERENTES ESTADOS DE OXIDAÇÃO

Muitos sistemas de análise em fluxo têm sido desenvolvidos para a determinação de espécies em diferentes estados de oxidação. Os sistemas mais simples baseiam em diferentes tratamentos da amostra fora de linha para permitir a diferenciação entre as espécies químicas. Posteriormente são realizadas medidas consecutivas destas espécies. Estes tipos de sistemas são muito usados, por exemplo, para a análise de especiação do crômio, do ferro e do arsênio, entre outros.

Almeida et al. (2007) desenvolveram um sistema em linha para a determinação espectrofotométrica de Sb(III) e Sb total em drogas para o tratamento da leishmaniose. O sistema analítico baseia-se na reação seletiva entre o Sb(III) e o vermelho de bromopirogalol (BPR) com o decréscimo da absorvância no comprimento de onda de 555 nm. FIA reversa foi usado devido à alta absortividade do BPR o que poderia levar a uma alta absorvância do branco se FIA normal fosse usada. A concentração total de Sb (Sb(III) e Sb(V)) foi determinada após redução de todo Sb(V) para Sb(III) com KI e ácido ascórbico. As amostras são tratadas fora de linha antes da injeção no sistema FIA. Para a determinação do Sb(III) as amostras são sonicadas, diluídas e tamponadas a pH 6,8 antes da injeção no sistema. Para a quantificação do Sb total, as amostras são sonicadas, tratadas com soluções de KI 2% (m/v), ácido ascórbico 5% (m/v) e HCl 4 mol L^{-1} para após 15 min serem tamponadas e injetadas no sistema FIA. A reação com o BPR ocorre em linha antes de a amostra seguir para o detector.

Um sistema FIA que permite a discriminação das espécies em linha, tendem a ser mais elaborados. Há registros na literatura descrevendo o desenvolvimento destes sistemas, principalmente para análise de especiação de nitrato e nitrito, bem como crômio e ferro.

Noroozifaret al. (2007), desenvolveram um sistema para especiação de nitrato e nitrito em linha. O método baseia-se em processos de oxidação/redução que ocorrem em duas colunas em série: uma recheada com Cd polimerizado e outra com óxido de Mn(IV). Quando o fluxo da amostra atravessa a minicoluna de Cd, o nitrato é reduzido a nitrito e emerge na próxima coluna (MnO$_2$) onde é oxidado à nitrato. Quando o Mn(IV) se reduz para Mn(II) e se dissolve no fluido carreador, ele segue para o FAAS onde é determinado. A absorvância do Mn é proporcional à concentração total de nitrito e nitrato na amostra. Adicionalmente, uma linha alternativa (Ver Figura 11.2) conduz o fluxo da amostra apenas para a minicoluna preenchida com MnO$_2$ onde o nitrito é oxidado a nitrato e, portanto, a absorvância registrada para o Mn se relaciona apenas com o nitrito.

Figura 11.2 – Sistema para especiação em linha do nitrato e do nitrito. P, bomba peristáltica; C, solução carreadora; S, amostra; V1 e V2, válvulas solenóides; C1, coluna recheada com cádmio polimerizado e C2, coluna recheada com óxido de Mn(IV).

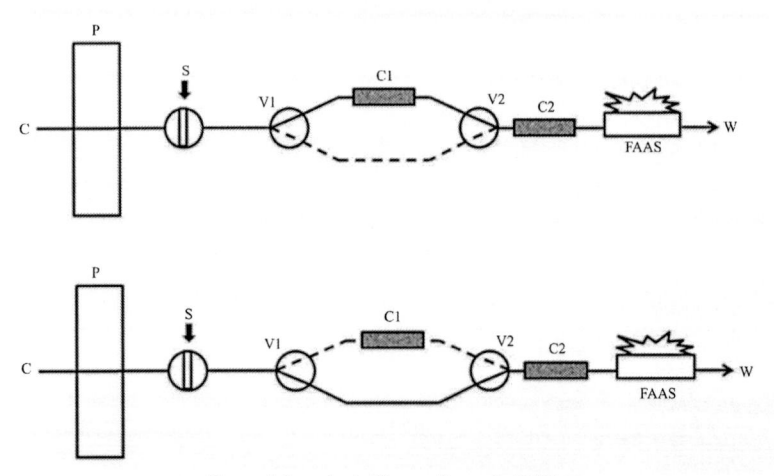

Fonte: Adaptado de Noroozifar et al. (2007).

Blain e Treguer (1995) desenvolveram um sistema em linha para especiação de ferro com base em extração em fase sólida e determinação espectrofotométrica. Nesse sistema Fe(II) foi pré-concentrado em uma coluna de C18 com ferrozina imobilizada sobre sua superfície e determinado após eluição com metanol. Para determinação de ferro total (Fe(II) + Fe(III)) foi necessário realizar a redução do Fe(III) em linha com ácido ascórbico. Em outro sistema, Krekler et al. (1994) injetaram uma amostra já com a solução de ferrozina misturada. Dessa forma, o Fe(II) permanece imobilizado por adsorção na forma de complexo sobre a superfície da coluna enquanto o Fe(III) segue para a detecção por FAAS. O Fe(II) é determinado em seguida após a eluição com metanol. Patel et al. (1989) realizaram a análise de especiação para o vanádio, usando uma coluna preenchida com resina de troca iônica e determinação por FAAS. Nesse sistema, enquanto o V(V) é retido na coluna, o V(IV) segue para a detecção. Em sequência, o V(V) é eluido com uma solução de hidróxido de sódio e é quantificado.

11.4 ESPECIAÇÃO DE COMPOSTOS ORGANOMETÁLICOS

Compostos organometálicos com ligações metal-carbono possuem propriedades químicas essencialmente diferentes em relação aos complexos de coordenação ou aos cátions hidratados. Os compostos organometálicos são mais voláteis e lipossolúveis e freqüentemente exibem maior toxicidade que suas formas de íons metálicos livres. Uma exceção, no entanto, é o arsênio. Os compostos organometálicos do As são menos tóxicos que seus íons inorgânicos. Por outro lado, os compostos organometálicos do Hg (como o metilmercúrio) são mais tóxicos por serem mais lipossolúveis (CAMPANELLA; PYRZYNSKA; TROJANOWICZ, 1996).

A maior parte dos sistemas em linha foi desenvolvida para a realização de análise de especiação de compostos organometálicos de As e Hg utilizando a determinação por FAAS. Rude e Puchelt (1994) realizaram a análise de especiação de As em um módulo e geração de hidretos comercial. Através da geração de hidretos e controle do pH foi possível determinar apenas As(III) ou mono e dimetil arsênio conjuntamente usando espectrometria de absorção atômica.

Alonso et al. (2008) usaram uma coluna preenchida com uma resina quelante com grupos amino-propil com as extremidades fechada com conector de vidro e poros de tamanho controlado (550 angstrons) para separação e pré-concentração em linha de espécies inorgânicas e orgânicas de mercúrio em materiais biológicos certificados. As espécies inorgânicas de mercúrio são retidas na coluna para posteriormente serem eluídas com solução de tiuréia 6% (m/v) e determinado usando-se a técnica de geração de vapor frio (CV AAS ou CV ETAAS). Para determinação do Hg total, as espécies organomercuriais são pré-oxidadas antes da injeção da amostra no sistema. O teor total de espécies orgânicas é determinado por diferença. Jian e McLeod (1992) promoveram a determinação sequencial de mercúrio inorgânico e metilmercúrio usando um sistema de geração de vapor frio acoplado com espectrometria de fluorescência atômica. Nesse caso, uma minicoluna de algodão com grupos sulfidrila de alta afinidade com metilmercúrio foi utilizada para discriminação das espécies. O Hg inorgânico não é retido na coluna e é detectado primeiro. O metilmercúrio é eluído posteriormente com solução de HCl e quantificado.

Hansen (1995) usou um sistema FIA para quantificar chumbo total, chumbo tetrametila e chumbo tetraetila em gasolina. Nesse caso foi necessário fazer a emulsificação em linha das amostras. Para ambas as etapas de determinação do chumbo total ou determinação das formas orgânicas, foi necessária a liberação do metal da estrutura orgânica, usando-se uma solução de iodeto. Como para antes e depois do processo de liberação as duas espécies orgânicas exibem diferentes sensibilidades em AAS, essa diferença foi utilizada para realizar a análise de especiação.

CAPÍTULO 12

MÉTODOS ANALÍTICOS VERDES COM BASE EM SISTEMAS DE INJEÇÃO EM FLUXO

12.1 INTRODUÇÃO

Química verde aborda o uso dos conhecimentos químicos para desenvolver e efetivar produtos e processos, visando eliminar (ou diminuir) o uso e a geração de substâncias nocivas à saúde humana e ao ambiente. Em outras palavras é o uso de técnicas e métodos químicos como ferramenta para prevenir a poluição que pode ser causada pelas próprias atividades nos ramos da química (TOBISZEWSKI et al., 2009).

Segundo Lenardãoet al. (2003) a implementação de produtos ou processos afinados com a química verde podem atender as seguintes categorias: (1) o uso de fontes renováveis ou recicladas de matéria-prima; (2) o aumento da eficiência de energia, ou a utilização de menos energia para produzir a mesma ou maior quantidade de produto e (3) a implementação de ações que visem evitar o uso de substâncias persistentes, bioacumulativas e tóxicas.

As ideias oriundas da química verde têm sido incorporadas nos laboratórios de química analítica, contribuindo para o desenvolvimento de métodos mais ambientalmente amigáveis. Dessa forma, surge também o conceito de "química analítica verde" que é a aplicação desses princípios na implementação de procedimentos analíticos que reduzam ou eliminem a possibilidade de poluição ambiental (KOEL; KALJURAND, 2006). Os processos analíticos compreendem basicamente quatro etapas que são a coleta da amostra, o seu preparo, a quantificação do analito e avaliação dos resultados. As três primeiras etapas, principalmente, podem afetar o ambiente e contribuir, de diferentes formas, na geração de poluição. No entanto, elas possuem também grande potencial para se tornar procedimentos verdes.

Assim, o impacto ambiental adverso dos métodos analíticos vem sendo reduzido da seguinte forma: (1) Eliminando-se a coleta de amostras, utilizando de medidas in situ para evitar procedimentos que consumam energia e reagentes (ex.: conservação, transporte e armazenamento) ou aplicação de procedimentos que consumam pouca quantidade de amostra; (2) Reduzindo-se ou eliminando o uso de reagentes necessários para o pré-tratamento das amostras como a extração ou a digestão e (3) Utilizando-se técnicas analíticas eficientes que realizem a detecção da maior quantidade de analito usando pequena quantidade da amostra, consumindo menos energia e gerando poucos resíduos (ARMENTA; GARRIGUES; LA GUARDIA, 2008).

Atualmente, os sistemas de análise química por injeção em fluxo são extensivamente empregados em laboratórios de rotina e de pesquisa. O desenvolvimento de métodos que empregam esses sistemas trouxe uma nova dimensão em química analítica permitindo que as quantificações de diversas substâncias pudessem ser realizadas de forma rápida, confiável e com o mínimo de intervenção do analista.

Apesar dos procedimentos que utilizam a análise por injeção de fluxo contribuir para a redução do uso de reagentes que podem agredir os ecossistemas, muitos deles não podem ser considerados benéficos ao ambiente por causa da produção de resíduos que apresentam alta toxicidade e que necessitam de manejo adequado para o descarte. No entanto, FIA pode ser considerada uma técnica propícia para o desenvolvimento de métodos analíticos verdes. Algumas de suas características como a capacidade de diminuir a quantidade de reagentes usados, baixo consumo de energia para realização de operações unitárias em linha, geração de pequenas quantidades de efluentes, facilidade da troca de uma reação que permita a quantificação do analito por outra que gera resíduos mais limpos, entre outras, comprovam sua vocação para atender as exigências de um método ambientalmente amigável.

Rocha et al. (2001) cita a seguinte ordem de prioridade que pode ser estabelecida para o desenvolvimento de procedimentos analíticos limpos, usando sistemas de análise em fluxo. Esses sistemas: (1) não devem gerar resíduos químicos; (2) se resíduos são produzidos, esses não devem ser tóxicos; (3) a quantidade de resíduos gerados deve ser minimizada; (4) se resíduos tóxicos são inevitavelmente gerados eles devem ser reciclados e, se possível, reutilizados; (5) o método deve dispor de etapas para o tratamento do resíduo e sua acomodação.

12.2 ESTRATÉGIAS PARA DESENVOLVIMENTO DE SISTEMAS VERDES DE ANÁLISE EM FLUXO

Como já foi observado, o uso de sistemas em fluxo apresenta grande potencialidade para o desenvolvimento de métodos analíticos verdes de forma a haver pouca ou nenhuma perda em termos de desempenho na determinação das substâncias de interesse. Destarte, várias estratégias podem ser adotadas para atingir esse objetivo e elas serão discutidas nos próximos tópicos. Em linhas gerais recomenda-se, no desenvolvimento desses métodos: (1) a substituição de reagentes tóxicos, (2) o consumo racional de reagentes e sua reciclagem, (3) a redução na geração de resíduos e seu tratamento e (4) uso de sistemas energeticamente econômicos.

É claro que o método de análise em fluxo será mais ambientalmente amigável, quanto maior for o número de requisitos atendidos, principalmente em termo de substituição de reagentes tóxicos por reagentes mais inócuos. Algumas vezes, torna-se preferível utilizar um método em fluxo com menor desempenho analítico, mas que consiga realizar a determinação de forma adequada, do que recorrer a um método que apresente características analíticas melhores e mais que suficientes para sua quantificação, porém com geração de resíduos com alta capacidade poluente e tóxica.

12.3 SUBSTITUIÇÃO DE REAGENTES TÓXICOS

Um procedimento analítico ideal é aquele que poderia ser implementado sem haver o consumo de reagentes ou, de forma mais realística, pelo emprego de reagentes não tóxicos. Atualmente, a toxicidade dos reagentes químicos deve ser levada em conta no desenvolvimento de qualquer método analítico, embora, muitos métodos oficiais ainda se utilizem de reagentes que não são benéficos ao meio ambiente. Dessa maneira, um dos principais objetivos da química analítica atualmente é realizar a substituição dessas substâncias tóxicas por outras que não agridam o ambiente e sem que haja perdas de desempenho dos sistemas analíticos (ROCHA et al., 2001).

Um exemplo de método eficiente, mas não ambientalmente aceitável é a determinação de nitrato em linha, empregando uma coluna redutora de cádmio e uma reação de acoplamento do grupo diazo. Apesar do método em fluxo apresentar boas características analíticas e com pouco consumo de reagentes em comparação com o procedimento em batelada, os resíduos descartados contém Cd(II) e pequenas quantidades de aminas aromáticas (GINÉ et al., 1980). Um método mais limpo foi desenvolvido, explorando a foto-redução do nitrato em substituição do reagente de acoplamento. Na presença de um ativador (EDTA), o nitrato é reduzido em linha num tubo de teflon enrolado em volta de uma lâmpada que irradia luz ultravioleta. O nitrito produzido reage com os íons triiodeto e o excesso do reagente é determinado aperomentricamente com dois eletrodos de platina. A eficiência da redução do nitrato foi estimada em cerca de 50%, o qual é menor que a eficiência encontrada quando se utiliza as minicolunas de cádmio copolimerizado. No entanto, o limite de quantificação encontrado para o método foi adequado à determinação de nitrato em águas, além do mesmo não ser poluente e, dessa forma, compensar a perda neste parâmetro analítico (TORRÓ; MATEO; CALATAYUD, 1998).

Settheeworrarit et al. (2005) conseguiram substituir os tradicionais complexantes orgânicos sintéticos usados para determinação de ferro por extratos de folhas de goiabeira sem a necessidade de purificação prévia no desenvolvimento de um sistema em linha usando espectrofotometria. Desse modo, os gastos energéticos e econômicos para a síntese (neste caso, industrial) dos reagentes não foram incentivados e os resíduos gerados podem ser descartados com mais facilidade por sua baixa toxicidade.

12.4 RECICLAGEM E REUTILIZAÇÃO DE REAGENTES

Os resíduos de laboratório não devem ser descartados no meio ambiente, mas sim tratados antes da destinação final para que se tornem inócuos. Uma forma muito comum de lidar com esses descartes é armazená-los e posteriormente tratá-los em processos de batelada. Contudo, essa prática aumenta os custos operacionais de um laboratório e cria o problema de estocagem e acumulação de resíduos tóxicos.

Um modo ambientalmente correto de se lidar com resíduos de uma análise química é reciclá-lo e reutilizá-lo. Esses procedimentos além de ecologicamente benéfico, também é econômico e pode ser aplicados em sistemas de análise em fluxo.

Um exemplo de reciclagem de reagentes em linha foi realizado em um sistema para determinação simultânea de propifenazona e cafeína em medicamentos usando espectrometria de infravermelho com transformada de Fourier (Figura 12.1) (BOUHSAIN; GARRIGUES; LA GUARDIA, 1997). O procedimento analítico envolve a dissolução do comprimido em solventes clorados ($CHCl_3$ ou CCl_4) os quais são transparentes para radiação infravermelho. O mesmo solvente orgânico precisa ser usado como carreador, gerando uma grande quantidade de resíduos. Esta desvantagem pode ser superada realizando-se a reciclagem do solvente em um sistema fechado em linha que incorpora uma unidade de destilação. Assim, após a condensação do solvente, ele pode ser reutilizado nas próximas análises reduzindo o custo operacional do sistema e a problemática da geração de resíduos tóxicos. Além disso, um aspecto muito importante desse sistema fechado é também reduzir a exposição do analista aos vapores carcinogênicos.

Figura 12.1 – Representação esquemática de um sistema em linha para determinação de propifenazona e cafeína com etapa de reciclagem do solvente.

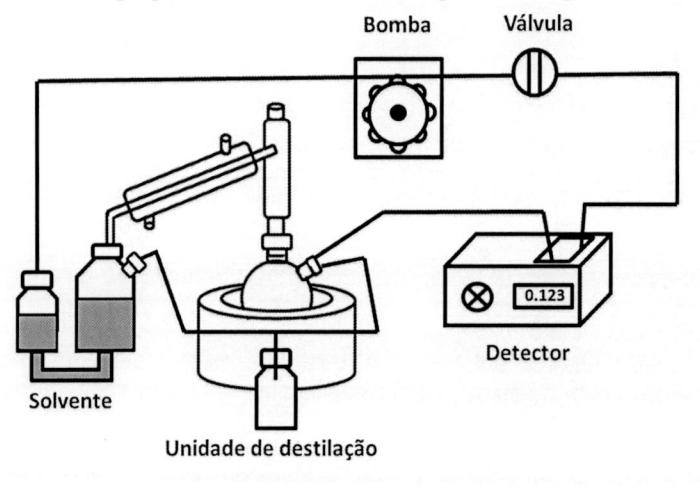

Fonte: Armenta, Garrigues e La Guardia (2008).

Em outro método, realizou-se a determinação espectrofotométrica de chumbo em fluxo com o reagente cromogênico arsenazo (III). O sistema é apresentado na Figura 12.2. Nesse sistema foi incorporada uma minicoluna recheada com uma resina trocadora de cátions na saída do descarte. Nessa abordagem, o arsenazo pode ser regenerado em linha e reaproveitado e o chumbo pode ser removido do efluente, pois fica retido na coluna. Dessa forma, o consumo de reagente e a geração de resíduos são ambos reduzidos (ZENKI; MINAMISAWA; YOKOYAMA, 2005).

Figura 12.2 – Representação esquemática de um sistema em linha para determinação de chumbo com etapa de regeneração do reagente complexante.

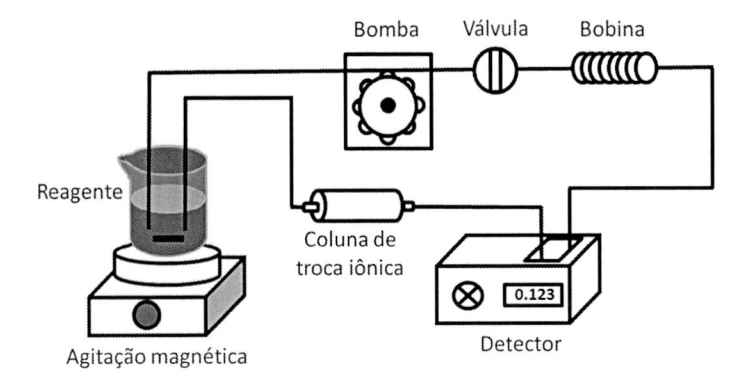

Fonte: Armenta, Garrigues e La Guardia (2008).

12.5 TRATAMENTO EM LINHA DO RESÍDUO DESCARTADO

Se o uso de reagentes tóxicos não pode ser evitado, métodos analíticos mais limpos em fluxo podem ser desenvolvidos acoplando-se uma etapa de desintoxicação do resíduo em linha. A incorporação de uma etapa adicional em linha para o tratamento do resíduo gerado na análise pode tornar essa tarefa menos perigosa e menos entediante. O tratamento é realizado continuamente e imediatamente após a análise, evitando-se o armazenamento de substâncias tóxicas o que diminui os custos e os riscos de acidentes (ROCHA et al., 2001).

A forma mais comum de se realizar o tratamento em linha do resíduo é pela introdução de um reagente por meio de uma linha confluente na saída do detector. O objetivo desse reagente é destruir, diminuir a toxicidade ou imobilizar e remover a espécie tóxica do efluente.

O tratamento de efluentes orgânicos tóxicos pode ser realizado por processos de degradação oxidativos, fotoquímicos, térmicos ou microbiológicos. A degradação fotoquímica tem sido muito utilizada para esse propósito, porque várias substâncias orgânicas são decompostas por esse tipo de processo em intervalos de tempos compatíveis com a sua residência no dispositivo responsável pela irradiação do efluente. Geralmente o tratamento é realizado na presença de um catalisador, que quando recebe a radiação ultravioleta acelera a degradação foto-assistida da substância orgânica que, a depender das condições, é completamente mineralizada. Como o catalisador pode ser filtrado e reutilizado, esse tratamento não produz resíduos adicionais (ARMENTA; GARRIGUES; LA GUARDIA, 2008).

Escuriola, Morales-Rubio e La Gardia (1999) realizaram a desintoxicação em linha de efluentes provenientes da determinação de formetanato em águas, usando o p-aminofenol como reagente cromogênico. Após a etapa de medida, o efluente encontra em confluência com uma suspensão do catalisador TiO_2 e segue para uma bobina submetida à radiação ultravioleta ocorrendo a fotodegradação. Em seguida, o catalisador pode ser recuperado por floculação e reutilizado.

Outros procedimentos eficientes com potencial para tratar resíduos da análise em fluxo são aqueles com base na adsorção física ou química, na precipitação ou co-precipitação, na ozonização, no tratamento térmico, entre outros.

Metais não são poluentes degradáveis, então é impossível descontaminar os resíduos de metais por essa abordagem. Contudo, é possível imobilizar e remover os metais potencialmente tóxicos dos efluentes dos sistemas FIA e torná-lo seguro para o descarte final. No tratamento de efluentes após a determinação de Hg em leite por espectrometria de fluorescência atômica, por exemplo, a linha que emerge do detector entra em confluência com uma solução de Fe(III) e posteriormente com uma solução de NaOH causando a precipitação de $Fe(OH)_3$ e a coprecipitação do Hg. Esse processo consegue remover traços de mercúrio e outros metais presentes nas amostras e nos padrões, e reduz a quantidade de resíduos de vários litros do efluente para menos de 1 g do precipitado obtido (CAVA-MONTESINOS et al., 2004).

Se o processo de degradação da substância tóxica demandar um alto tempo de residência no sistema em fluxo, uma alternativa é acoplar este sistema a uma unidade de tratamento em batelada. Assim sendo, o tratamento do efluente será executado sem diminuir a frequência analítica do método em fluxo.

12.6 CONFIGURAÇÕES DE SISTEMAS EM FLUXO QUE EVITAM O DESPERDÍCIO DE REAGENTES

O desenho de um sistema de análise em fluxo tem influência na quantidade de reagente que deve ser utilizado para a quantificação do analito de interesse. Os primeiros sistemas de injeção em fluxo, por exemplo, eram de linha única e usavam o próprio reagente como carreador. Consequentemente o seu consumo era inerentemente maior que o necessário para promover a reação química e, em alguns casos, o consumo desse reagente acabava sendo maior que as análises correspondentes em batelada contribuindo para o aumento de resíduos gerados.

Uma forma de diminuir a quantidade de reagente é não utilizá-lo como carreador. Em seu lugar, pode-se usar a própria amostra. Nesse caso tem-se a FIA - reversa. Se a quantidade de amostra for um fator limitante pode-se usar a água para carrear um volume pequeno da amostra injetada em seu fluxo. O reagente, em ambos os casos, pode ser introduzido na quantidade necessária para reagir com a zona da amostra através de uma confluência com a linha principal. No entanto, apesar dos ganhos em termos de desempenho analítico e a redução no gasto de reagente em relação ao primeiro sistema, esse ainda pode ser reduzido. Pode-se adotar a abordagem de não apenas injetar um volume definido da amostra no fluxo carreador, mas também injetar um volume adequado do reagente que deverá necessariamente se misturar com a amostra em um ponto de confluência das duas linhas (ROCHA et al., 2001).

Figura 12.3 – Configurações de sistemas por injeção em fluxo com detecção espectrofotométrica que implicam em gastos diferenciados do reagente: (a) FIA normal em linha única; (b) FIA reversa em linha única; (c) FIA usando água como carreador e confluência do reagente em um ponto da linha principal; (d) injeção de pequenas alíquotas da amostra e do reagente.

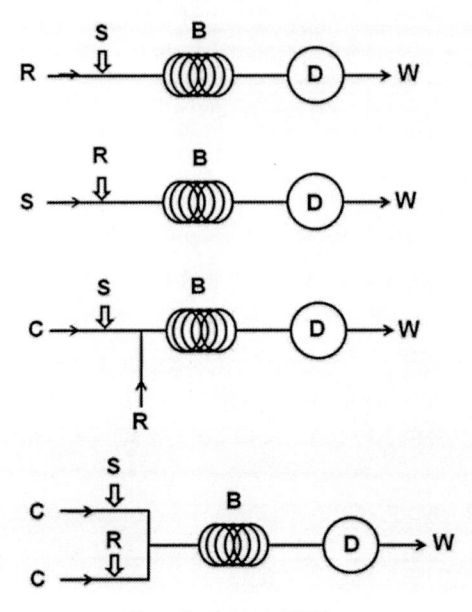

Fonte: Rocha et al. (2001).

12.7 USO DE DETECTORES VERDES

Um detector pode ser considerado mais "verde" que outro quando consegue a maior quantidade de informações analíticas com menor gasto de reagentes e energia. A detecção analítica baseada em técnicas instrumentais, como aquelas que envolvem medidas eletroquímicas, espectrométricas e separação cromatográfica satisfaz muitos critérios da química analítica verde e apresentam bom desempenho em sistemas de análise em fluxo.

A aquisição de sinal por meio de técnicas espectrométricas e eletroquímicas é, em termos gerais, considerada limpa (a exceção é feita quando se usa o eletrodo de trabalho de mercúrio). Métodos espectroscópicos rotineiramente utilizados como detectores na análise em fluxo incluem, principalmente, técnicas como aespectrometria de absorção molecular no ultravioleta/visível, a espectrometria de absorção ou emisssão atômica.

Absorção molecular no UV/Vis é uma técnica útil e versátil em análises em fluxo, mas, apenas algumas substâncias, tais como o nitrato, pode ser determinada diretamente, sem formação de derivados pelo consumo de reagentes colorimétricos, e vários de seus métodos precisam se tornar verde (e isto já vem sendo feito). Espectrometria de absorção e amissão atômica na chama (principalmente fotometria de chama para Na, K, Li e Ca) são técnicas relativamente baratas e fácil de operar. FAAS é uma técnica simples e rápida para usos de rotina e com baixo impacto ambiental.

A principal vantagem da GFAAS é que os seus limites de detecção são 1-10 vezes melhor do que para FAAS ou para ICP OES embora o custo energético por determinação de um único elemento seja maior e às vezes se utilize de modificadores tóxicos (e não permanentes) para melhorar o desempenho na determinação de alguns analitos. Os elementos que formam óxidos refratários pode ser determinada com boa sensibilidade por ICP OES em razão da alta temperatura atingida no plasma. Elementos podem ser detectados simultânea ou sequencialmente mais rápido, o que faz dessa uma técnica multi-elementar. ICP-MS é uma técnica ainda de alto custo, mas combina a determinação multi-elementar do ICP OES com limites de detecção que são menores que aqueles encontrados em GFAAS.

Na análise de matrizes complexas em fluxo, os sistemas cromatográficos podem se constituir em separadores e detectores versáteis e adequados na implementação de métodos limpos se algumas recomendações forem seguidas. Como a fase móvel em cromatografia líquida de alta eficiência pode ser uma fonte de geração de resíduos poluentes, a cromatografia gasosa deve ser escolhida quando possível. Contudo, algumas "fases móveis verdes" como, por exemplo, a formada por etanol e água pode ser usada em CLAE quando possível. Desde que as técnicas cromatográficas são capazes de determinar muitas substâncias em uma única corrida, os gastos com reagentes e energia são menores por analito, trazendo benefícios para o meio ambiente (KOEL; KALJURAND, 2006; KEITH; GRON; YOUNG, 2007).

12.8 AUTOMAÇÃO

O desempenho de vários métodos para análise em fluxo pode ser melhorado, de acordo com princípios da química analítica verde, pela sua automação. Essa abordagem permite que se reduza a quantidade da amostra, bem o consumo de solventes e reagente tornando verde os métodos existentes. A automação de sistemas em fluxo pode ser realizada a partir de um amostrador automático simples pelo controle do sistema de propulsão, por sistemas de multi-impulsão e multicomutação de fluxos entre outros. Esses dispositivos controlados por um microcomputador, permitem a inserção de amostras e reagentes apenas nos instantes e nas quantidades necessárias à execução do procedimento analítico, resultando no consumo mínimo de reagentes e aumento da frequência analítica (ROCHA et al., 2001). A automação de métodos de análise em fluxo foi tratada com maiores detalhes no Capítulo 4.

A automação de um sistema de análises em fluxo pode utilizar o conceito de multi comutação. A multi comutação consiste no emprego de dispositivos de comutação discretos (válvulas ou bombas solenóides) para construção de sistemas cujo percurso dos fluxos envolvidos se modifica com a reconfiguração dos estados de cada unidade de comutação. Cada um dos dispositivos é controlado por microcomputador e permitem a inserção de amostras e reagentes em quantidades mínimas necessárias, resultando em consumo de soluções e geração de resíduos da ordem de microlitros (ARMENTA; GARRIGUES; LA GUARDIA, 2008).

Rocha et al. (2005) utilizaram a multicomutação usando micro bombas solenóides no desenvolvimento de um sistema para quantificação de ciclamato explorando sua reação com nitrito em meio ácido e determinando espectrofotometricamente o excesso de nitrito por iodometria. Esse método consome 1,3 mg de KI e 1,3 µg de $NaNO_3$

gerando 2,0 mL de efluente por determinação. Em outro exemplo Ródenas-Torralba et al. (2004) usou a multicomutação para determinação de benzeno em amostras de combustíveis automotivos. O método permite a determinação direta deste analito sem pré-tratamento da amostra. O consumo de solvente é de apenas 1,2 mL por determinação com uma frequência analítica de 81 amostras por hora.

12.9 MINIATURIZAÇÃO

A redução das quantidades de reagentes utilizados em um sistema em fluxo e sua consequente redução na quantidade de resíduos gerados pode também ser conseguida por processos de miniaturização. O processo de miniaturização da análise em fluxo consiste em desenhar e construir sistemas de pequenas dimensões que, consequentemente trabalhem com volumes menores de amostras e reagentes.

Um conceito que vem sendo muito utilizado é o de "micro sistema analítico total". Nele, todas as etapas de processamento da amostra são realizadas em um único dispositivo de poucos centímetros quadrados, o chip. Em sistemas de análise em fluxo, isto pode ser realizado aplicando-se técnicas de microeletrônica, de forma a integrar bombas, câmaras de misturas e de reação, bem como o detector em uma única placa (conceito labonvalve). Esses sistemas são chamados de µ-FIA. Como as razões de fluxo são de alguns microlitros/min, o desempenho analítico de métodos adaptados dos originais pode ser mantido pelos microssistemas consumindo reagentes na ordem de até nanolitros (ARMENTA; GARRIGUES; LA GUARDIA, 2008; ROCHA et al., 2001).

Por meio da miniaturização de um sistema que realiza a micro extração e determinação espectrofotométrica do malonaldeído (MDA) em sangue após formação do complexo ácido tiobarbitúrico-MDA, foi possível gastar pouca amostra (20 µL de soro sanguíneo) e poucos reagentes além de gerar uma quantidade irrisória de resíduos (MUÑOZ et al., 2004).

12.10 USO DE REAGENTES IMOBILIZADOS EM FASES SÓLIDAS

A promoção de reações a parti de reagentes em fases sólidas nos sistemas de análise em fluxo apresenta vantagens em relação àquelas realizadas em meio homogêneo. Isso inclui o uso de dispositivos mais simples, melhorias no fator de transferência de massa radial e a ocorrência da reação com altas concentrações do reagente. Nessas condições, apenas a quantidade de reagente necessária à ocorrência da reação é consumida evitando, dessa forma, o desperdício.

O conceito de reatores de fase sólida baseia-se na imobilização de reagentes como óxidos metálicos (MnO_2 ou PbO_2) ou sais ($CoCO_3$ e $FePO_4$) em uma matriz polimérica. Um típico procedimento de imobilização envolve a mistura do composto metálico com uma resina poliéster seguida da adição de um catalisador (metiletilcetona). Após a agitação, a mistura torna-se viscosa e em poucas horas, torna-se um sólido rígido que é triturado e empacotado em uma coluna. Entre 400 e 600 determinações podem ser realizadas com o mesmo reator. O desenvolvimento de sistemas de análise em fluxo usando esses reatores envolve dois princípios: (1) a complexação do analito com o íon metálico liberado do reator e medida da absorvância do complexo formado (2) a oxidação do analito quando esse passa pelo reator e a medida do sinal do produto oxidado ou do metal liberado (TZANAVARAS; THEMELIS, 2001).

Corominas et al. (2005) realizaram a determinação de penicilamina em linha a partir de amostras de medicamentos usando uma coluna preenchida com $CoCO_3$ imobilizado em matriz polimérica. A droga forma um complexo colorido com o Co(II) e é quantificada espectrofotometricamente. Em outro trabalho Bonifácio et al. (2004) realizaram a determinação de isoproterenol em medicamentos usando um reator com MnO_2 imobilizado. O método baseia-se na oxidação do analito na coluna, produzindo isoproterocromio, que deve ser monitorado a 492 nm.

REFERÊNCIAS

AASTROEM, O. Flow injection analysis for the determination of bismuth by atomic absorption spectrometry with hydride generation. *Analytical Chemistry*, v. 54, p. 190-193, 1982.

AIMOTO, M; KONDO, H.; ONO, A. Determination of silicon in high-silicon electrical steel by ICP-AES with on-line sample electrolytic dissolution. *Analytical Science*, v. 23, p. 1367-1371, 2007.

ALMEIDA,V.G.K.; LIMA, M.F.; CASSELLA, R.J. Development of a reversed FIA system for the spectrophotometric determination of Sb(III) and total Sb in antileishmanial drugs. *Talanta*, v. 71, p. 1047-1053, 2007.

ALONSO, E.V. et al. Mercury speciation in sea food by flow injection cold vapor atomic absorption spectrometry using selective solid phase extraction. *Talanta*, v. 77, p. 53-59, 2008.

ALVES, V.N. et al. Determination of cadmium in alcohol fuel using *Moringaoleifera* seeds as a biosorbent in an on-line system coupled to FAAS. *Talanta*, v. 80, p. 1133-1138, 2010.

ALWARTHAN, A.A.; HABIB, K.A.J.; TOWNSHEND, A. Flow injection ion-exchange preconcentration for the determination of iron (II) with chemiluminescence detection. *Fresenius Journal of Analytical Chemistry*, v. 337, p. 848-851, 1990.

AMORIM, M.H.R. *Desenvolvimento de um sistema de fluxo multi-impulsão para determinação espectrofotométrica de norfloxacina e ciprofloxacina em formulações farmacêuticas*. 2010. Dissertação (Mestrado em Engenharia Farmacêutica) – Universidade de Lisboa, Lisboa, 2010.

ARMENTA, S.; GARRIGUES, S.; LA GUARDIA, M. Green analytical chemistry. *Trends in Analytical Chemistry*, v. 27, p. 497-511, 2008.

ATALLAH, R.H.; CHRISTIAN, G.D.; HARTENSTEIN, S.D. Continuous flow solvent extraction system for the determination of trace amounts of uranium in nuclear waste reprocessing solutions. *Analyst*, v. 113, p. 463-469, 1988.

ATALLAH, R.H.; RUZICKA, J.; CHRISTIAN, G.D. Continuous solvent extraction in a closed-loop system. *Analytical Chemistry*, v. 59, p. 2909-2914, 1987.

ATTIYAT, A.S.; CHRISTIAN, G.D. Nonaqueous solvents as carrier or sample solvent in flow-injection analysis atomic absorption spectrometry. *Analytical Chemistry*, v. 56, p. 439-442, 1984.

BACKSTROM, K.; DANIELSSON, L.G. Design of a continuous-flow two-step extraction sample work-up system for graphite furnace atomic absorption spectrometry. *Analytica Chimica Acta*, v. 232, p. 301-315, 1990.

BAGHERI, H.; MOHAMMADI, A.; SALEMI, A. On-line trace enrichment of phenolic compounds from water using a pyrrole-based polymer as the solid-phase extraction sorbent coupled with high-performance liquid chromatography. *Analytica Chimica Acta*, v. 513, p. 445-449, 2004.

BALLESTEROS, E.; GALLEGO, M.; VALCARCEL, M., On-line coupling of a gas chromatograph to a continuous liquid-liquid extractor. *Analytical Chemistry*, v. 62, p. 1587-1591, 1990.

BARBOSA, A.F. et al. Solid-phase extraction system for Pb (II) ions enrichment based on multiwall carbon nanotubes coupled on-line to flame atomic absorption spectrometry. *Talanta*, v. 71, p. 1512-1519, 2007.

BERGAMIN, H.F. et al. Solvent extraction in continuous flow injection analysis: determination of molybdenum in plant material. *Analytica Chimica Acta*, v. 101, p. 9-16, 1978.

BERGAMIN, H.F. et al. Ion exchange in flow injection analysis: Determination of ammonium ions at the µg L^{-1} level in natural waters with pulsed Nessler reagent. *Analytica Chimica Acta*, v. 117, p. 81-89, 1980.

BEZERRA, M.A.; ARRUDA, M.A.Z.; FERREIRA, S.L.C. Cloud point extraction as a procedure of separation and pre-concentration for metal determination using spectroanalytical techniques: a review. *Applied Spectroscopy Reviews*, v. 40, p. 269-299, 2005.

BEZERRA, M.A.; FERREIRA, S.L.C. *Extração em ponto nuvem:* princípios e aplicações em química analítica. Vitória da Conquista: Edições UESB, 2006.

BISSETT, B.D. *Practical pharmaceutical laboratory automation*. Florida: CRC, 2003.

BLAIN, S.; TREGUER, P. Iron (II) and iron(III) determination in sea water at the nanomolar level with selective on-line preconcentration and spectrophotometric determination. *Analytica Chimica Acta*, v. 308, p. 425-432, 1995.

BOLEA, E. et al. Determination of antimony by electrochemical hydride generation atomic absorption spectrometry in samples with high iron content using chelating resins as on-line removal system. *Analytica Chimica Acta*, v. 569, p. 227-233, 2006.

BONIFÁCIO, V.G. et al. Flow injection spectrophotometric determination of isoproterenol with an on-line solid-phase reactor containing immobilized manganese dioxide. *Analytical Letters*, v. 37, p. 2111-2124, 2004.

BOUHSAIN, Z.; GARRIGUES, S.; LA GUARDIA, M. Clean method for the simultaneous determination of propyphenazone and caffeine in pharmaceuticals by flow injection Fourier transform infrared spectrometry. *Analyst*, v. 122, p. 441-446, 1997.

BRANGER, C.; MEOUCHE, W.; MARGAILLAN, A., Recent advances on ion-imprinted polymers. *Reactive and Functional Polymers*, v. 73, p. 859-875, 2013.

BUBNIS, B.P.; STRAKA, M.R.; PACEY, G.E. Metal speciation by flow-injection analysis. *Talanta*, v. 30, p. 841-844, 1983.

BURGUERA, J. L. *Flow injection atomic spectrometry*. New York: M. Decker Inc., 1989.

BURGUERA, J.L. et al. Determination of beryllium in natural and waste waters using on-line flow-injection preconcentration by precipitation/ dissolution for electrothermal atomic absorption spectrometry. *Talanta*, v. 52, p. 27-37, 2000.

BURGUERA, J.L.; BURGUERA, M.; TOWNSHEND, A. Determination of zinc and cadmium by flow-injection analysis and chemiluminescence. *Analytica Chimica Acta*, v. 127, p. 199-201, 1981.

BURGUERA, J.L. et al. Flow injection for the determination of Se(IV) and Se(VI) by hydride generation atomic absorption spectrometry with microwave oven on-line prereduction of Se(VI) to Se(IV). *Spectrochimica Acta B*, v. 51, p. 1837-1847, 1996.

BURGUERA-PASCU, M. et al. Flow injection on-line dilution for zinc determination in human saliva with electrothermal atomic absorption spectrometry detection. *Analytica Chimica Acta*, v. 600, p. 214-220, 2007.

CALATAYUD, J.M. *Flow injection analysis of pharmaceuticals:* automation in the laboratory, London: Taylor & Francis, 1997.

CAMEL, V. Solid phase extraction of trace elements. *Spectrochimica Acta B*, v. 58, p. 1177-1233, 2003.

CAMPANELLA, L.; PYRZYŃSKA, K.; TROJANOWICZ, M. Chemical speciation by flow-injection analysis. A review. *Talanta*, v. 43, p. 825-838, 1996.

CAMPBELL, A.D. A critical survey of hydride generation techniques in atomic spectrometry. *Pure and Applied Chemistry*, v. 64, p. 227-244, 1992.

CARNEIRO, J. et al. An improved sampling approach in multi-pumping flow system applied to the spectrophotometric determination of glucose and fructose in syrups. *Analytica Chimica Acta*, v. 531, p. 279-284, 2005.

CASSELLA, R.J. et al. On-line preconcentration system for flame atomic absorption spectrometry using unloaded polyurethane foam: determination of zinc in waters and biological materials. *Journal of Analytical Atomic Spectrometry*, v. 14, p. 1749-1753, 1999a.

CASSELLA, R.J. et al. Selectivity enhancement in spectrophotometry: on-line interference suppression using polyurethane foam minicolumn for aluminum determination with Methylthymol Blue. *Analyst*, v. 124, p. 805-808, 1999b.

CASTRO, M.L.; GARCIA, J.L. Chapter 4: Integrated analytical systems. In: ALEGRET, S. (Org.). *Comprehensive analytical chemistry*. Barcelona: Elsevier, 2003. v. 39, p. 161-243.

CAVA-MONTESINOS, P. et al. Cold vapour atomic fluorescence determination of mercury in milk by slurry sampling using multicommutation. *Analytica Chimica Acta*, v. 506, p. 145-153, 2004.

CEDAR, V. *Introducción a los métodos de analisis en flujo*. Palma de Maiorca: Sciaware, 2006.

CHEN, D.; CASTRO, M.D.L.; VALCARCEL, M. Fluorometric sensor for the determination of fluoride at the nanograms per milliliter level. *Analytica Chimica Acta*, v. 234, p. 345-352, 1990.

CHEN, L.G. et al. Determination of andrographolide and dehydroandrographolide in rabbit plasma by on-line solid phase extraction of high-performance liquid chromatography. *Talanta*, v. 74, p. 146-152, 2007.

CHISTIAN, G.D. *Analytical chemistry*. 5. ed. New York: John Wiley & Sons, 1994.

CORDERO, M.T.S. et al. On line separation and sequential determination of trace amounts of heavy metals in biological materials by flow injection Inductively Coupled Plasma Atomic Emission Spectrometry. *Journal of Analytical Atomic Spectrometry*, v. 11, p. 107-110, 1996.

COROMINAS, B.G.T. et al. In situ generation of Co(II) by use of a solid-phase reactor in an FIA assembly for the spectrophotometric determination of penicillamine. *Journal of Pharmaceutical and Biomedical Analysis*, v. 39, p. 281-284, 2005.

DALLÜGE, J. et al. On-line coupling of immunoaffinity-based solid-phase extraction and gas chromatography for the determination of s-triazines in aqueous samples. *Journal of Chromatography A*, v. 830, p. 377-386, 1999.

DEBRAH, E. et al. Flow injection manifolds with membrane filters for pre-concentration and interference removal by precipitation flow injection flame atomic absorption spectrometry. *Analyst*, v. 115, p. 1543-1547, 1990.

DIAS, A.C.B. et al. A critical comparison of analytical flow systems exploiting streamlined and pulsed flows. *Analytical and Bioanalytical Chemistry*, v. 388, p. 1303-1310, 2007.

DIAS, A.C.B. et al. Molecularly imprinted polymer as a solid phase extractor in flow analysis. *Talanta*, v. 76, p. 988-996, 2008.

DÍAZ, T. G.; VALENZUELA, M.I.A.; SALINAS, F. Determination of the pesticide Naptalam, at the ppb level, by FIA with fluorimetric detection and on-line preconcentration by solid-phase extraction on C_{18} modified silica. *Analytica Chimica Acta*, v. 384, p. 185-191, 1999.

DING, J. et al. On-line coupling of solid-phase extraction to liquid chromatography-tandem mass spectrometry for the determination of macrolide antibiotics in environmental water. *Analytica Chimica Acta*, v. 634, p. 215-221, 2009.

DURUKAN, I. et al. Determination of iron and copper in food samples by flow injection cloud point extraction flame atomic absorption spectrometry. *Microchemical Journal*, v. 99, p. 159-163, 2011.

EBDON, L. et al. *Trace element speciation for environment*. Cambridge (UK): Food and Health, The Royal Society of Chemistry, 2001.

ESCURIOLA, M.J. et al. A clean analytical method for the spectrophotometric determination of formetanate incorporating an on-line microwave assisted hydrolysis step. *Analytica Chimica Acta*, v. 390, p. 147-154, 1999.

FANG, Q.; DU, M.; HUIE, C.W. On-Line Incorporation of Cloud Point Extraction to Flow Injection Analysis. *Analytical Chemistry*, v. 73, p. 3502-3505, 2001.

FANG, Z. *Flow injection separation and preconcentration*. Weinheim: VCH, 1993.

_____. *Flow injection atomic absorption spectrometry*. New York: John Wiley & Sons, 1995.

_____. Trends and potentials in flow injection on-line separation and preconcentration techniques for electrothermal atomic absorption spectrometry. *Spectrochimica Acta B*, v. 53, p. 1371-1379, 1998.

FANG, Z.; DONG, L. P.; XU, S. K. Critical-evaluation of the efficiency and synergistic effects of flow-injection techniques for sensitivity enhancement in flame atomic absorption spectrometry. *Journal of Analytical Atomic Spectrometry*, v. 7, p. 293-299, 1992.

FANG, Z. et al. On-line separation and preconcentration in flow injection analysis. *Analytica Chimica Acta*, v. 214, p. 41-55, 1988.

FANG, Z. et al. New developments in flow injection Vapor Generation atomic absorption spectrometry. *Microchemical Journal*, v. 53, p. 42-53, 1996.

FANG, Z.; RUZICKA, J.; HANSEN, E.H. An efficient flow-injection system with on-line ion-exchange preconcentration for the determination of trace amounts of heavy-metals by atomic absorption spectrometry. *Analytica Chimica Acta*, v. 164, p. 23-39, 1984.

FANG, Z.; TAO, G. New developments in flow injection separation and preconcentration techniques for electrothermal atomic absorption spectrometry. *Fresenius Journal of Analytical Chemistry*, v. 355, p. 576-580, 1996.

FANG, Z.; XU, S. K.; ZHANG, S.C. Fundamental and practical considerations in the design of on-line column preconcentration for flow-injection atomic spectrometric systems. *Analytica Chimica Acta*, v. 200, p. 35-49, 1987.

FARRAN, A.; PABLO J.; HERNANDEZ, S. Continuous-flow extraction of organophosphorus pesticides coupled on-line with high-performance liquid chromatography. *Analytica Chimica Acta*, v. 212, p. 123-131, 1988.

FERREIRA, S.L.C. et al. Copper determination in natural water samples by using FAAS after preconcentration onto amberlite XAD-2 loaded with calmagite. *Talanta*, v. 50, p. 1253-1259, 2000a.

FERREIRA, S.L.C. et al. An on-line continuous flow system for copper enrichment and determination by flame atomic absorption spectroscopy. *Analytical Chimica Acta*, v. 403, p. 259-264, 2000b.

FERREIRA, S.L.C. et al. An automated on-line flow system for preconcentration and determination of lead by flame atomic absorption spectrometry. *Microchemical Journal*, v. 68, p. 41-46, 2001.

FERREIRA, S. L.C. et al.Application of Dohelert designs for optimization of an on-line preconcentration system for copper determination by flame atomic absorption spectrometry. *Talanta*, v. 61, p. 295-303, 2003.

FERREIRA, S.L.C.; LEMOS, V.A. On-line preconcentration system for lead determination in seafood samples by flame atomic absorption spectrometry using polyurethane foam loaded with 2-(2-benzothiazolylazo)-2-p-cresol. *Analytica Chimica Acta*, v. 441, p. 281-289, 2001.

FIGUEIREDO, E.C. et al. On-line molecularly imprinted solid phase extraction for the selective spectrophotometric determination of catechol. *Microchemical Journal*, v. 85, p. 290-296, 2007.

FIGUEIREDO, E.C. et al. On-line molecularly imprinted solid-phase extraction for the selective spectrophotometric determination of nicotine in the urine of smokers. *Analytica Chimica Acta*, v. 635, p. 102-107, 2009.

FRANCIS, P.S. et al. Flow analysis based on a pulsed flow of solution: theory, instrumentation and applications. *Talanta*, v. 58, p. 1029-104, 2002.

GARRIDO M. et al. Cloud-point extraction/preconcentration on-line flow injection method for mercury determination. *Analytica Chimica Acta*, v. 502, p. 173-177, 2004.

GIL, R.A. et al. Cloud point extraction for cobalt preconcentration with on-line phase separation in a knotted reactor followed by ETAAS determination in drinking waters.*Talanta*, 76, p. 669-673, 2008.

GINÉ, M.F. et al. Simultaneous determination of nitrate and nitrite by flow injection analysis. *Analytica Chimica Acta*, v. 114, p. 191-197, 1980.

GIRARD, L.; HUBERT, J. Speciation of chromium (VI) and total chromium determination in welding dust samples by flow-injection analysis coupled to atomic absorption spectrometry. *Talanta*, v. 43, p. 1965-1974, 1996.

GOMEZ-ARIZA, J.L. et al. Sample treatment and storage in speciation analysis. In: EBDON, L. et al. (Ed.). *Trace Element Speciation for Environment.* Cambridge (UK): Food and Health, The Royal Society of Chemistry: 2001. p. 70.

GONZÁLEZ, M.M.; GALLEGO, M.; VALCÁRCEL, M. Determination of arsenic in wheat flour by electrothermal atomic absorption spectrometry using a continuous precipitation-dissolution flow system. *Talanta*, v. 55, p. 135-142, 2001.

GONZALVEZ, A.; CERVERA, M. L.; LA GUARDIA, M. A review of non-chromatographic methods for especiation analysis. *Analytica Chimica Acta*, v. 636, p. 129-157, 2009.

GONZALVEZ, A. et al. Non-chromatographic speciation. *Trends in Analytical Chemistry*, v. 29, p. 260-268, 2010.

GUO, T.; BAASNER, J.; McINTOSH, S. Determination of highly concentrated Na, K, Mg and Ca in dialysis solution with flow injection on-line dilution and flame atomic absorption spectrometry. *Analytica Chimica Acta*, v. 331, p. 263-270,1996.

HANSEN, E.H. Flow-injection analysis: leaving its teen-years and maturing. A personal reminiscence of its conception and early development. *Analytica Chimica Acta*, v. 308, p. 3-13, 1995.

HARTENSTEIN, S.D.; RUZICKA, J.; CHRISTIAN, G.D. Sensitivity enhancements for flow-injection analysis inductively coupled plasma atomic emission-spectrometry using an online preconcentrating ion-exchange column. *Analytical Chemistry*, v. 57, p. 21-25, 1985.

HE, C. et al. Application of molecularly imprinted polymers to solid-phase extraction of analytes from real samples. *Journal of Biochemical and Biophysical Methods*, v. 70, p. 133-150, 2007.

HEITHMAR, E.M. et al. Minimization of interferences in inductively coupled plasma mass spectrometry using online preconcentration. *Analyticla Chemistry*, v. 62, p. 857-864, 1990.

HINZE, W. L.; PRAMAURO, E.A. Critical review of surfactant-mediated phase separations (cloud-point extractions): Theory and applications. *Criticals Reviews in Analytical Chemistry*, v. 24, p. 133-177, 1993.

HU, Q. et al. Simultaneous determination of palladium, platinum, rhodium and gold by on-line solid phase extraction and high performance liquid chromatography with 5-(2-hydroxy-5-nitrophenylazo)thiorhodanine as pre-column derivatization regents. *Journal of Chromatography A*, v. 1094, p. 77-82, 2005.

HURST, W. J. *Automation in the laboratory*. New York: Wiley-VHC, 1995.

ICARDO, M.C.; MATEO, J. V. G.; CALATAYUD, J. M. Multicommutation as a powerful new analytical tool.*Trends in Analytical Chemistry*, v. 21, p. 366-378, 2002.

JAMSHID, L.; MANZOORI, A.M. Indirect inductively coupled plasma atomic emission determination of fluoride in water samples by flow injection solvent extraction. *Analytical Chemistry*, v. 62, p. 2457-2460, 1990.

JESUS, D.S.et al. Polyurethane foam as a sorbent for continuous flow analysis: Preconcentration and spectrophotometric determination of zinc in biological materials. *Analytical Chimica Acta,* v. 366, p. 263-269, 1998.

JIAN, W.; MCLEOD, C.W. Rapid sequential determination of inorganic mercury and methylmercury in natural waters by flow injection – cold vapour-atomic fluorescence spectrometry.*Talanta*, v. 39, p. 1537-1542, 1992.

JIMENEZ, P.M.; GALLEGO, M.; VALCÁRCEL, M. Indirect atomic absorption determination of chloride by continuous precipitation of silver chloride in a flow injection system. *Journal of Analytical Atomic Spectrometry*, v. 2, p. 211-215, 1987.

JONG, W.H. A. et al. Urinary 5-HIAA measurement using automated on-line solid-phase extraction-high-performance liquid chromatography-tandem mass spectrometry. *Journal of Chromatography B*, v. 868, p. 28-33, 2008.

KAMOGAWA, M.Y.; TEIXEIRA, M.A. Amostrador de baixo custo para análise de injeção em fluxo. *Química Nova*, v. 32, p. 1644-1646, 2009.

KARADAS, C.; TURHAN, O.; KARA, D. Synthesis and application of a new functionalized resin for use in an on-line, solid phase extraction system for the determination of trace elements in waters and reference cereal materials by flame atomic absorption spectrometry. *Food Chemistry*, v. 141, p. 655-661, 2013.

KARBASI, M. et al. Simultaneous trace multielement determination by ICP OES after solid phase extraction with modified octadecyl silica gel. *Journal of Hazardous Materials*, v. 170, p. 151-155, 2009.

KARLBERG, B.; PACEY, G.E. *Flow injection analysis:* a practical guide in Techniques and instrumentation in analytical chemistry. Amsterdam: Elsevier, 1989. v. 10.

KARLBERG, B.; THELANDER, S. Extraction based on the flow-injection principle: Part I. Description of the Extraction System.*Analytica Chimica Acta*, v. 98, p. 1-7, 1978.

KAWASE, J.; NAKAE, A.; YAMANAKA, M. Determination of anionic surfactants by flow injection analysis based on ion-pair extraction. *Analytical Chemistry*, v. 51, p. 1640-1643, 1979.

KEITH, L.H.; GRON, L.U.; YOUNG, J. L. Green analytical methodology. *Chemicals Review*, v. 107, p. 2695-2708, 2007.

KELLNER, R. et al. *Analytical chemistry.* Weinheim: Wiley-VHC, 1998.

KOEL, M.; KALJURAND, M. Application of the principles of green chemistry in analytical chemistry. *Pure and Applied Chemistry*, v. 78, p. 1993-2002, 2006.

KREKLER, S.; FRENZEL, W.; SCHULTZE, G. Simultaneous determination of iron(II)/iron(III) by sorbent extraction with flow-injection atomic absorption detection. *Analytica Chimica Acta*, v. 296, p. 115-117, 1994.

KUBAN, V. Liquid-liquid extraction flow injection analysis. *Critical Review in Analytical Chemistry*, v. 22, p. 477-557, 1991.

LA GUARDIA, M. et al. On-line microwave-assisted digestion of solid samples for their flame atomic spectrometric analysis. *Talanta*, v. 40, p. 1609-1617, 1993.

LAPA, R.A.S. et al. Multi-pumping in flow analysis: concepts, instrumentation, potentialities. *Analytica Chimica Acta*, v. 466, p. 125-132, 2002.

LARA, F. J.; OLMO-IRUELA, M.; GARCÍA-CAMPAÑA, A. M. On-line anion exchange solid-phase extraction coupled to liquid chromatography with fluorescence detection to determine quinolones in water and human urine. *Journal of Chromatography A*, v. 1310, p. 91-97, 2013.

LATORRE, C.H. et al. Carbon nanotubes as solid-phase extraction sorbents prior to atomic spectrometric determination of metal species: a review. *Analytica Chimica Acta*, v. 749, p. 16-35, 2012.

LEMOS, V.A. *Sistemas de separação e pré-concentração em linha utilizando extração em fase sólida para determinação de metais por técnicas espectrométricas.* 2001. Tese (Doutorado em Química) – Instituto de Química, Universidade Federal da Bahia, Salvador, 2001.

LEMOS, V.A.; DAVID, G.T. An on-line cloud point extraction system for flame atomic absorption spectrometric determination of trace manganese in food samples. *Microchemical Journal*, v. 94, p. 42-47, 2010.

LEMOS, V.A. et al. Development of a new sequential injection in-line cloud point extraction system for flame atomic absorption spectrometric determination of manganese in food samples. *Talanta*, v. 77, p. 388-393, 2008.

LEMOS, V.A.; GAMA, E.M. An online preconcentration system for the determination of uranium in water and effluent samples. *Environmental Monitoring and Assessment*, v. 171, p. 163-169, 2010.

LENARDÃO, E.J. et al. "Green chemistry" – Os 12 princípios da química verde e sua inserção nas atividades de ensino e pesquisa. *Química Nova*, v. 26, p. 123-129, 2003.

LI, C.F. et al. On-line flow injection-cloud point preconcentration of polycyclic aromatic hydrocarbons coupled with high-performance liquid chromatography. *Journal of Chromatography A*, v. 1214, p. 11-16, 2008.

LI, Y.; HU, B.; JIANG, Z. On-line cloud point extraction combined with electrothermal vaporization inductively coupled plasma atomic emission spectrometry for the speciation of inorganic antimony in environmental and biological samples. *Analytica Chimica Acta*, v. 576, p. 207-214, 2006.

LIANG, Y. et al. Flow injection analysis of nanomolar level orthophosphate in seawater with solid phase enrichment and colorimetric detection. *Marine Chemistry*, v. 103, p. 122-130, 2007.

LIMA, J. L. et al. Multi-pumping flow systems: an automation tool. *Talanta*, v. 64, p. 1091-1098, 2004.

LIVERSAGE, R.R.; VAN LOON, J. C.; ANDRADE, J.C.A flow injection/ hydride generation system for the determination of arsenic by inductively-coupled plasma atomic emission spectrometry. *Analytica Chimica Acta*, v. 161, p. 275-283, 1984.

LOUTER, A.J.H. et al. Analysis of microcontaminants in aqueous samples by fully automated on-line solid-phase extraction-gas chromatography-mass selective detection. *Journal of Chromatography A*, v. 725, p. 67-83, 1996.

LU, C. et al. Enhancement in sample preconcentration by the on-line incorporation of cloud point extraction to flow injection analysis inside the chemiluminescence cell and the determination of total serum bilirubin. *Analytica Chimica Acta*, v. 590, p. 159-165, 2007.

LUO, M.; BI, S. Solid phase extraction-spectrophotometric determination of dissolved aluminum in soil extracts and ground waters. *Journal of Inorganic Biochemistry*, v. 97, p. 173-178, 2003.

LUQUE DE CASTRO, M.D. Speciation studies by flow-injection analysis. *Talanta*, v. 33, p. 45-50, 1986.

MA, R.L.; VANMOL, W.; ADAMS, F. Determination of Cd, Cu, and Pb in estuarine water and fertilizers by graphite furnace AAS with flow injection sorbent. *Atomic Spectroscopy*, v. 17, p. 176-181, 1996.

MARSHALL, M.A.; MOTTOLA, H.A. Performance studies under flow conditions of silica-immobilized 8-quinolinol and its application as a preconcentration tool in flow-injection atomic absorption determinations. *Analytical Chemistry*, v. 57, p. 729-733, 1985.

MARTÍNEZ-BARRACHINA, S.; VALLE, M. Use of a solid-phase extraction disk module in a FI system for the automated preconcentration and determination of surfactants using potentiometric detection. *Microchemical Journal*, v. 83, p. 48-54, 2006.

MARTINEZ-JIMENEZ, P.; GALLEGO, M.; VALCARCEL, M. Analytical potential of continuous precipitation in flow injection-atomic absorption configurations. *Analytical Chemistry*, v. 59, p.69-74, 1987.

MIRÓ, M.; FRENZEL, W. Automated membrane-based sampling and sample preparation exploiting flow-injection analysis. *Trends in Analytical Chemistry*, v. 23, p. 624-636, 2004.

MIRÓ, M.; HANSEN, E.H. On-line processing methods in flow analysis. In:TROJANOWICZ, M. (Ed.). *Advances in Flow Methods of Analysis*. Weinhem: Wiley-VCH, 2008. p. 291-320, 2008.

MONTERO, R.; GALLEGO, M.; VALCÁRCEL, M. Indirect atomic absorption spectrometric determination of sulphonamides in pharmaceutical preparations and urine by continuous precipitation. *Journal of Analytical Atomic Spectrometry*, v. 3, p. 725-729, 1988.

MOSKVIN, L.N.; NIKITINA, T.G. Automated membrane-based sampling and sample preparation exploiting flow-injection analysis. *Journal of Analytical Chemistry*, v. 59, p. 2-16, 2004.

MOTOMIZU, S.; YOSHIDA, K.; TOEI, K. Indirect spectrophotometric determination of potassium ion in water based on the precipitation with tetraphenylborate ion and a crown ether using flow injection. *Analytica Chimica Acta*, v. 261, p. 225-231, 1992.

MOYANO, S. et al. On-line preconcentration system for bismuth determination in urine by flow injection hydride generation inductively coupled plasma atomic emission spectrometry. *Talanta*, v. 54, p. 211-219, 2001.

MUÑOZ, A.H.S. et al. Micro assay for malondialdehyde in human serum by extraction-spectrophotometry using an internal standard. *Microchimica Acta*, v. 148, p. 285-291, 2004.

NARCISE, C.I.S. et al. On-line preconcentration and speciation of arsenic by flow injection hydride generation atomic absorption spectrophotometry. *Talanta*, v. 68, p. 298-304, 2005.

NOROOZIFAR, M. et al. Application of manganese(IV) dioxide microcolumn for determination and speciation of nitrite and nitrate using a flow injection analysis-flame atomic absorption spectrometry system. *Talanta*, v. 71, p. 359-364, 2007.

NUMAN, A. et al. Photochemical reactivity of sulfamethoxazole and other sulfa compounds with photodiode array detection. *Microchemical Journal*, v. 72, p. 147-154, 2002.

OKABAYASHI, Y. et al. Simple flow system for the rapid pre-concentration and potentiometric determination of fluoride using a micro-column and a wall-jet electrode. *Analist*, v. 114, p. 1267-1270, 1989.

OLSEN, S. et al. Combination of flow-injection analysis with flame atomic absorption spectrophotometry – determination of trace amounts of heavy-metals in polluted seawater. *Analyst*, v. 108, p. 905-917, 1983.

ORELLANA-VELADO, N.G. et al. Arsenic and antimony determination by on-line flow hydride generation – glow discharge – optical emission detection. *Spectrochimica Acta B*, v. 56, p. 113-122, 2001.

ORTEGA, C. et al. On-line cloud point preconcentration and determination of gadolinium in urine using flow injection inductively coupled plasma optical emission spectrometry. *Journal of Analytical Atomic Spectrometry*, v. 17, p. 530-533, 2002.

ORTEGA, C. et al. On-line complexation/cloud point preconcentration for the sensitive determination of dysprosium in urine by flow injection inductively coupled plasma-optical emission spectrometry. *Analytical and Bioanalytical Chemistry*, v. 375, p. 270-274, 2003.

PACHECO, P.H. et al. Biosorption: a new rise for elemental solid phase extraction methods. *Talanta*, v. 85, p. 2290-2300, 2011.

PALEOLOGOS, E.K.; GIOKAS, D.L.; KARAYANNIS, M.I. Micelle-mediated separation and cloud point extraction. *Trends in Analytical Chemistry*, v. 24, p. 426-436, 2005.

PALEOLOGOS, E.K. et al. On-line sorption preconcentration of metals based on mixed micelle cloud point extraction prior to their determination with micellar chemiluminescence: Application to the determination of chromium at ng l^{-1} levels. *Analytica Chimica Acta*, v. 477, p. 223-231, 2003.

PASQUINI, C.; FARIA, L.C. Operator-free flow injection analyser. *Journal of Automatic Chemistry*, v. 13, p. 143-146, 1991.

PATEL, B.; HASWELL, S.J.; GRZESKOWIAK, R. Flow injection flame atomic absorption spectrometry system for the pre-concentration of vanadium (V) and characterisation of vanadium (IV) and (V) species. *Journal of Analytical Atomic Spectrometry*, v. 4, p. 195-198, 1989.

PEDRO, J. et al. Determination of tellurium at ultra-trace levels in drinking water by on-line solid phase extraction coupled to graphite furnace atomic absorption spectrometer. *Spectrochimica Acta B*, v. 63, p. 86-91, 2008.

PETERSSON, B.A. et al. Conversion techniques in flow injection analysis: Determination of sulphide by precipitation with cadmium ions and detection by atomic absorption spectrometry. *Analytica Chimica Acta*, v. 184, p. 165-172, 1986.

PETIT DE PEÑA, Y. et al. On-line determination of antimony(III) and antimony(V) in liver tissue and whole blood by flow injection – hydride generation – atomic absorption spectrometry. *Talanta*, v. 55, p. 743-754, 2001.

PIÑEIRO, Z.; PALMA, M.; BARROSO, C.G. Determination of terpenoids in wines by solid phase extraction and gas chromatography.*Analytica Chimica Acta*, v. 513, p. 209-214, 2004.

POCURULL, E. et al. Trace determination of antifouling compounds by on-line solid-phase extraction – gas chromatography – mass spectrometry. *Journal of Chromatography A*, v. 885, p. 361-368, 2000.

POOLE, C.F. Solid-phase extraction. *Encyclopedia of Separation Science*, Academic Press, v. 3, 2000.

PRAMAURO, E.; PREVOT, A.B. Solubiliation in micellar systems – analytical and environmental applications. *Pure and Applied Chemistry*, v. 67, p. 551-559, 1995.

QUINA, F.H.; HINZE, W.L. Surfactant-mediated cloud point extractions: an environmentally benign alternative separation approach. *Industrial & Engineering Chemistry Research*, v. 38, p. 4150-4168, 1999.

GIL, R.A. et al. Flow injection system for the on-line preconcentration of Pb by cloud point extraction coupled to USN–ICP OES. *Microchemical Journal*, v. 95, p. 306-310, 2010.

RIBEIRO, A.S.; VIEIRA, M.A.; CURTIUS, A.J. Determination of hydride forming elements (As, Sb, Se, Sn) and Hg in environmental reference materials as acid slurries by on-line hydride generation inductively coupled plasma mass spectrometry. *Spectrochimica Acta B*, v. 59, p. 243-253, 2004.

RIBEIRO, M.F.T. *Sistemas de fluxo contínuo baseados em novos conceitos de gestão de fluidos*. 2008. Tese (Doutorado) – Faculdade de Farmácia da Universidade do Porto, Porto (Portugal), 2008.

RÍO-SEGADE, S.; BENDICHO, C. Determination of total and inorganic mercury in biological and environmental samples with on-line oxidation coupled to flow injection-cold vapor atomic absorption spectrometry. *Spectrochimica Acta B*, v. 54, p. 1129-1139, 1999.

RISINGER, L. Preconcentration of copper(II) on immobilized 8-quinolinol in a flow injection system with an ion-selective electrode detector. *Analytica Chimica Acta*, v. 179, p. 509-514, 1986.

ROCHA, J.A.; NÓBREGA, J.A. Efeito Schlieren em sistemas de análise por injeção em fluxo. *Quimica Nova*, v. 19, p. 636-640, 1996.

_____; _____.Overcoming the Schlieren effect in flow injection spectrophotometry by introduction of large sample volumes. Determination of chloride in the electrolyte of lead-acid batteries. *Journal of Brazillian Chemical Society*, v. 8, p. 625-629, 1997.

ROCHA, F.R.P.; NÓBREGA, J.A.; FATIBELLO-FILHO, O. Flow analysis strategies to greener analytical chemistry: an overview. *Green Chemistry*, v. 3, p. 216-220, 2001.

ROCHA, F.R.P. et al. Multicommutation in flow analysis: concepts, applications and trends. *Analytica Chimica Acta*, v. 468, p. 119-131, 2002.

ROCHA, F. R.P. et al. A clean method for flow injection spectrophotometric determination of cyclamate in table sweeteners. *Analytica Chimica Acta*, v. 547, p. 204-208, 2005.

RÓDENAS-TORRALBA, E. et al. Multicommutation Fourier transform infrared determination of benzene in gasoline. *Analytica Chimica Acta*, v. 512, p. 215-221, 2004.

ROERAANADE, J. Automated monitoring of organic trace components in water: I. Continuous flow extraction together with on-line capillary gas chromatography. *Journal of Chromatography*, v. 330, p. 263-274, 1985.

ROSSI, T.M.; SHELLY, D.C.; WARNER, I.M. Optimization of a flow injection analysis system for multiple solvent extraction. *Analytical Chemistry*, v. 54, p. 2056-2061, 1982.

RUDE, T.R.; PUCHELT, H. Development of an automated technique for the speciation of arsenic using flow injection hydride generation atomic absorption spectrometry (FI-HG-AAS). *Fresenius' Journal of Analytical Chemistry*, v. 350, p. 44-48, 1994.

RUZ, J. et al. Flow-injection analysis with multidetection as a useful technique for metal speciation.*Talanta*, v. 33, p. 199-202,1986a.

RUZ, J. et al. Flow-injection configurations for chromium speciation with a single spectrophotometric detector. *Analytica Chimica Acta*, v. 186, p. 139-146, 1986b.

RUZICKA, J.; HANSEN, E.H. Flow injection analyses: Part I: A new concept of fast continuous flow analysis. *Analytica Chimica Acta*, v. 78, p. 145-157, 1975.

_____; _____. *Flow Injection Analysis*. 2nd Edition. New York: Wiley & Sons Inc., 1988.

SANT'ANA, O.D. et al. Precipitation–dissolution system for silver preconcentration and determination by flow injection flame atomic absorption spectrometry. *Talanta*, v. 56, p. 673-680, 2002.

SANTELLI, R.E. *Curso de automação analítica por fluxo contínuo:* princípios e aplicações. Salvador, 1999. Apostila.

SANTELLI, R.E.; GALLEGO, M.; VALCARCEL, M. Atomic absorption determination of copper in silicate rocks by continuous precipitation preconcentration. *Analytical Chemistry*, v. 61, p. 1427-1430, 1989.

SANTOS, E. J. et al. Evaluation of slurry preparation procedures for the determination of mercury by axial view inductively coupled plasma optical emission spectrometry using on-line cold vapor generation. *Spectrochimica Acta B*, v. 60, p. 659-665, 2005.

SANTOS, Q.O. et al. Application of simplex optimization in the development of an automated online preconcentration system for manganese determination in vegetal leaves and river waters. *Journal of the Brazilian Chemical Society*, v. 21, p. 2340-2346, 2010.

SANZ-MENDEL, A. *Flow analysis with atomic spectrometric detectors:* analytical spectroscopy library, Holanda: Elservier, 1999.

SARZANINI, C. et al. Ion chromatographic separation and on-line cold vapour atomic absorption spectrometric determination of methylmercury, ethylmercury and inorganic mercury. *Analytica Chimica Acta*, v. 284, p. 661-667, 1994.

SETTHEEWORRARIT, T. et al. Exploiting guava leaf extract as an alternative natural reagent for flow injection determination of iron. *Talanta*, v. 68, p. 262-267, 2005.

SHELLY, D.C.; ROSSI, T.M.; WARNER, I.M. Multiple solvent extraction system with flow injection technology. *Analytical Chemistry*, v. 54, p. 87-91, 1982.

SILVESTRE, C.I.C. et al. Liquid-liquid extraction in flow analysis: A critical review. *Analytica Chimica Acta*, v. 652, p. 54-65, 2009.

SKOOG, D.A.; HOLLER F. J.; NIEMAN T. *Princípios de análise instrumental.* 5. ed. Porto Alegre: Bookman Companhia Ed., 2002.

SKOOG, D.A. et al. *Fundamentos de química analítica.* 8. ed. São Paulo: Thomson Learning, 2006.

SOUZA, A.S. et al. Automatic on-line pre-concentration system using a knotted reactor for the FAAS determination of lead in drinking water. *Journal of Hazardous Materials*, v. 141, p. 540-545, 2007.

STRIPEIKIS, J. et al. On-line copper and iron removal and selenium (VI) pre-reduction for the determination of total selenium by flow-injection hydride generation-inductively coupled plasma optical emission spectrometry. *Spectrochimica Acta B*, v. 56, p. 93-100, 2001.

TARLEY, C.R.T.; FERREIRA, S.L.C.; ARRUDA, M.A.Z. Use of modified rice husks as a natural solid adsorbent of trace metals: characterization and development of an on-line preconcentration system for cadmium and lead determination by FAAS. *Microchemical Journal*, v. 77, p. 163-175, 2004.

THEMELIS, D.G.; TZANAVARAS, P.D.; KIKA, F.S. On-line dilution flow injection manifold for the selective spectrophotometric determination of ascorbic acid based on the Fe(II)-2,2'-dipyridyl-2-pyridylhydrazone complex formation. *Talanta*, v. 55, p. 127-134, 2001.

THURMAN, E.M.; MILLS, M.S. *Solid-phase extraction:* principles and practice in chemical analysis 147. New York: John Willey & Sons, 1998.

TOBISZEWSKI, M. et al. Green analytical chemistry in sample preparation for determination of trace organic pollutants. *Trends in Analytical Chemistry*, v. 28, p. 943-951, 2009.

TORRÓ, I.G.; MATEO, J.V.G.; CALATAYUD, J.M. Flow-injection biamperometric determination of nitrate (by photoreduction) and nitrite with the NO^{-2}/I^- reaction. *Analytica Chimica Acta*, v. 366, p. 241-249, 1998.

TROJANOWICZ, M. *Advances in flow analysis*. Weinheim: Wiley-VCH, 2008.

TYSON, J.F. et al. Flow-injection techniques of method development for Flame Atomic Absorption Spectrometry. *Analyst*, v. 110, p. 487-492, 1985.

TZANAVARAS, P. D.; THEMELIS, D.G. Flow injection spectrophotometric determination of the antibiotic fosfomycin in pharmaceutical products and urine samples after on-line thermal-induced digestion. *Analytical Biochemistry*, v. 304, p. 244-248, 2002.

_____;_____. Novel flow injection spectrophotometric determination of fosinopril using UV-assisted digestion and an orthophosphates calibration graph. *Analytica Chimica Acta*, v. 481, p. 321-326, 2003a.

_____;_____. Flow injection spectrophotometric determination of fosfestrol, following on-line thermal induced digestion and using an orthophosphate calibration graph. *Talanta*, v. 59, p. 207-213, 2003b.

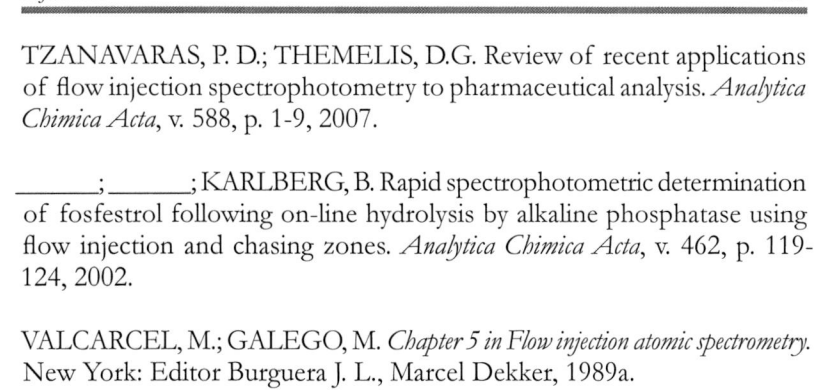

TZANAVARAS, P. D.; THEMELIS, D.G. Review of recent applications of flow injection spectrophotometry to pharmaceutical analysis. *Analytica Chimica Acta*, v. 588, p. 1-9, 2007.

_____; _____; KARLBERG, B. Rapid spectrophotometric determination of fosfestrol following on-line hydrolysis by alkaline phosphatase using flow injection and chasing zones. *Analytica Chimica Acta*, v. 462, p. 119-124, 2002.

VALCARCEL, M.; GALEGO, M. *Chapter 5 in Flow injection atomic spectrometry*. New York: Editor Burguera J. L., Marcel Dekker, 1989a.

VALCARCEL, M.; GALLEGO, M. Automatic precipitation-dissolution in continuous flow systems. *Trends in Analytical Chemistry*, v. 8, p. 34-40, 1989b.

VALCARCEL, M.; LUQUE DE CASTRO, M.D. Continuous separation techniques in flow injection analysis: a review. *Journal of Chromatography A*, v. 393, p. 3-23, 1987.

_____; _____. *Flow-Injection Analysis:* Principles and Applications. Chichester: Ellis Horwood Ltd., 1989.

VALDEZ-FLORES, C.; CAÑIZARES-MACIAS, M.P. On-line dilution and detection of vainillin in vanilla extracts obtained by ultrasound. *Food Chemistry*, v. 105, p. 1201-1208, 2007.

WALAS, S. et al. Application of a metal ion-imprinted polymer based on salen – Cu complex to flow injection preconcentration and FAAS determination of copper. *Talanta*, v. 76, p. 96-101, 2008.

WANG, J.; HANSEN, E.H. Flow injection on-line two-stage solvent extraction preconcentration coupled with ET-AAS for determination of bismuth in biological and environmental samples. *Analytical Letters*, v. 33, p. 2747-2766, 2000.

_____; _____. Development of an automated sequential injection on-line solvent extraction-back extraction procedure as demonstrated for the determination of cadmium with detection by electrothermal atomic absorption spectrometry. *Analytica Chimica Acta*, v. 456, p. 283-292, 2002a.

WANG, J.; HANSEN, E.H. FI/SI on-line solvent extraction/back extraction preconcentration coupled to direct injection nebulization inductively coupled plasma mass spectrometry for determination of copper and lead.*Journal of Analytical Atomic Spectrometry*, v. 17, p. 1284-1289, 2002b.

_____;_____; GAMMEL GAARD, B. Flow injection on-line dilution for multi-element determination in human urine with detection by inductively coupled plasma mass spectrometry. *Talanta*, v. 55, p. 117-126, 2001.

WANG, S. et al. On-line coupling of solid-phase extraction to high-performance liquid chromatography for determination of estrogens in environment. *Analytica Chimica Acta*, v. 606, p. 194-201, 2008.

WANG, Z. et al. Modified mesoporous silica materials for on-line separation and preconcentration of hexavalent chromium using a microcolumn coupled with flame atomic absorption spectrometry. *Analytica Chimica Acta*, v. 725, p. 81-86, 2012.

WEEKS, D.; JOHNSON, K. Solenoid pumps for flow injection analysis. *Analytical Chemistry*, v. 68, p. 2717-2719, 1996.

WELZ, B.; SPERLING, M. *Atomic absorption spectrometry*. 3. ed. Weinheim: Wiley-VCH, 1999.

YAMINI,Y. et al. On-line metals preconcentration and simultaneous determination using cloud point extraction and inductively coupled plasma optical emission spectrometry in water samples. *Analytica Chimica Acta*, v. 612, p. 144-151, 2008.

YAN,X.P.;SPERLING,M.;WELZ,B. Application of a macrocycle immobilized silica gel sorbent to flow injection on-line microcolumnpreconcentration and separation coupled with Flame Atomic Absorption Spectrometry for interference-free determination of trace lead in biological and environmental samples. *Analytical Chemistry*, v. 71, p. 4216-4222, 1999.

YEBRA-BIURRUM, M.C. *Flow injection analysis of marine samples*. New York: Nova Science Publishers, 2009.

YEBRA-BIURRUM, M.C; BERMEJO, P. Indirect determination of cyclamate by an on-line continuous precipitation-dissolution flow system. *Talanta*, v. 45, p. 1115-1122, 1998.

YEBRA-BIURRUM, M.C.; ENRÍQUEZ, M.F.; CESPÓN, R.M. Preconcentration and flame atomic absorption spectrometry determination of cadmium in mussels by an on-line continuous precipitation-dissolution flow system. *Talanta*, v. 52, p. 631-636, 2000.

YILMAZ, S. et al. On-linepreconcentration/determination of zinc from water, biological and food samples using synthesized chelating resin and flame atomic absorption spectrometry. *Journal of Trace Elements in Medicine and Biology*, v. 27, p. 85-90, 2013.

ZAGATTO, E.A.G. et al. Compensation of the Schlieren effect in flow-injection analysis by using dual-wavelength spectrophotometry. *Analytica Chimica Acta*, v. 234, p. 153-160, 1990.

ZAGATTO, E.A.G. et al. Evolution of the commutation concept associated with the development of flow analysis. *Analytica Chimica Acta*, v. 400, p. 249-256, 1999.

ZENKI, M.; MINAMISAWA, K.; YOKOYAMA, T. Clean analytical methodology for the determination of lead with Arsenazo III by cyclic flow-injection analysis. *Talanta*, v. 68, p. 281-286, 2005.

ZHAO, C. et al. A novel molecularly imprinted polymer for simultaneous extraction and determination of sudan dyes by on-line solid phase extraction and high performance liquid chromatography. *Journal of Chromatography A*, v. 1217, p. 6995-7002, 2010.

ZI, H.J. et al. Determination of trace inorganic mercury in mineral water by flow injection on-line sorption preconcentration-cold vapor atomic fluorescence spectrometry. *Chinese Journal of Analytical Chemistry*, v. 37, p. 1029-1032, 2009.